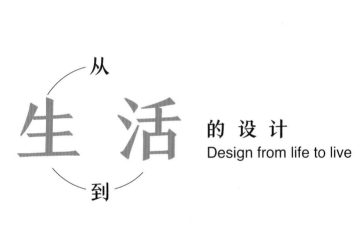

从 生 活 到

的 设 计

Design from life to live

从生到活的设计

LANDSCAPES
COLLECTION 2013-2020

澜道设计机构　编著

上海人民出版社

前言丨从生到活的设计

有一次突然回忆起我的大学毕业论文，题目是《居住区景观的参与性》，那是 20 年前的事情。2001 年左右，当时，我国关于居住区（社区）的概念还不是太清晰，虽然我国在 1993 年就开始了商品房改革，但当时大家对于商品房的概念依然停留在老小区的印象中，区别就是开始由开发商来造房子卖房子。那时候对于社区和生活，包括户型，我们都没有很明确的概念，一直到了我毕业的时候（2001 年），七宝万科城市花园的出现让我对社区的概念有了很大的改观，让我感受到了一种全新的生活状态。现在回想它当时的社区理念比现在的一些社区做的还要好，它的商业都在社区里面，与现在政府所提倡的无围墙的理念很相似。

我毕业工作后，很长一段时间，居住区设计都不是设计界的主流，园林专业的毕业生也还是围绕在公建类、城市建设类的领域，特别是对于房地产领域的设计，大家并不是很关注。现在偶尔回忆时，特别有意思的是，我就在那时想要去探讨居住区景观的参与性，因为我发现很多同行只是为了好看去设计（这也可能是受当时社会环境的影响，那时多数的社区甚至都不具备好看这个特点），所以我就写了《居住区景观的参与性》这个题目，没想到我之后的职业生涯也都与此相关。

2004 年，我进入房地产行业工作后，才对房地产景观有了一定的概念，当时全国房地产开发最领先的地区是深圳，我就经常到深圳去看楼盘，也接触了很多设计公司和开发商。我发现有些开发商的豪宅项目只注重表面的东西，有的贴金砌银，有的具有庄重感、仪式感，但却偏离了真正的社区生活的本质。直到后来我去新加坡、泰国考察后，才发现我们国家的社区模式和国外是不同的，我们的社区就是起很多楼，然后用围墙围住。

2003-2014年，我国的房地产大潮到来，当时很多开发商的设计还是停留在所谓风格化的东西。什么是风格化的东西？它是一种固定的模式，有来源、有出处，它是世界上的设计大师已经创立或者说已经形成的一种流派。比如之前流行过的西班牙式、地中海式和延伸出的托斯卡纳式、南加州式等等，都属于风格化的设计。我国很多设计师也在效仿，但这并不适合我们。就好比地中海式设计风格，地中海区域的国家都是高日照区，但我国大部分是在北纬23°以北，社区设计的日照规范非常严格，并且阳光对于大众来说是非常重要的。如果说完全运用风格化的产品逻辑去做这些，看上去很新鲜，但却不适用。当时很流行的法式，看上去端庄尊贵，内心的冲击感很强烈，但生活感却不一定好。当时还流行过的红砖系，例如英伦、波士顿、褐石等，之后还有新古典等风格。

直到2014年，澜道设计成立之时，我们国家几乎还是在流行着这些东西。记得我们公司刚成立的时候，我就说过我们坚持做的就是去风格化，我们要做相对来说更原创的、更符合现代人审美观和生活品质的东西，那时没有太多开发商能接受这种理念，我们也经历了一段痛苦的时间。当然，时代的洪流总是向前，不仅是我们关注到了新的理念，市场也在慢慢的转变，开发商也在逐步接受。2015年，我们在做绿城杨柳郡项目的时候，到现在这个项目也被称为绿城的转型之作,在这之前绿城给大家的印象就是一直深耕豪宅领域。当他们要转型普通住宅领域，吸引年轻消费人群时，他们找到了我们。当然，我认为在杨柳郡项目中绿城也成就了我们，我们是特别感恩的，项目也是实现了双赢。

也恰恰是在那一年开始，我发现行业里有了转变，很多设计公司出来了一批现代风格的设计，也就是有了艺术创意。很多开发商也开始对这类设计感兴趣，由此，一场新的时代洪流来了。开发商对市场的研判、购买群体的变化、年轻人群对设计理念和生活品质的追求促成了这场洪流，形成了新的生活理念和生活审美。我们就是这场洪流中的这样一家企业。

跟随这场洪流，我们也做出了很多具有代表性项目。我希望这本书对于我们澜道而言是一个总结，对于历史来说是一个见证。也许再过十年、二十年，新的时代到来时，产品理念也会跟着转变。等到了那个时代，我们再回看这本书，感觉就像是一面镜子，我们现在看的是当下，未来看的就是历史。这本书对于社会而言也是一种见证、一种反思、一个总结和一个回忆：曾经，有一群人在他们的时代做着这样的产品、这样的设计，这里有他们对于生活的思考，他们是来自于这样的时代。

屠卓荟
2020年6月书于上海

目录 | CONTENTS

VACATION

THE FUTURE LIFE FEELINGS

THE
FUTURE
LIFE

未来生活

绿城·杨柳郡
GREENTOWN YOUNG CITY

业主单位 /　绿城集团
项目地址 /　杭州
建成时间 /　2015
获奖信息 /　2015-2016 CREDAWARD 地产设计大奖年度景观类专业优秀奖

杨柳郡并不是我们最早的项目，但却是我们早期相对比较满意的，因此将它作为开篇。这个项目从 2014 年起酝酿，当时我国设计领域的居住项目相对比较模式化：新古典、法式、Art deco、英式、托斯卡纳等，还有一个新兴的流派，即新亚洲，也就是我们现在所做的设计的前身，我们称之为当代设计。这种设计没有固定的风格、模式和套路，而是设计师基于自己对潮流、思想和审美所理解形成的。

杨柳郡项目是在杭州七宝地铁上盖的，是一个比较大的 TOD 项目。但它并不是一个高端项目，而是作为绿城拥抱市民的转型之作。绿城想要去尝试一种新的设计风格，我们创立初期的定位就是做创新、创意，因此，绿城找到了我们。

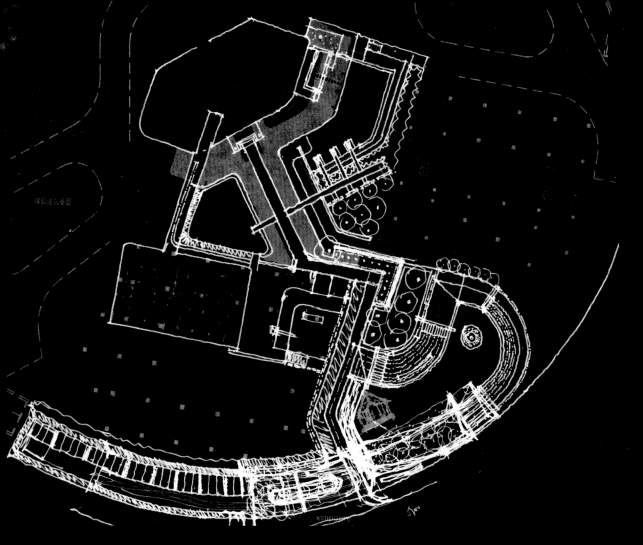

这里是 TOD 项目的前端，真正的 TOD 在这个场地的后面。因为项目与杭州地铁公司合作，所以示范区便借用了此处，后期这里会被拆除。它的南侧是地铁公司的高层建筑区，相对挡光，便把其中的一栋作为示范区，并在其中做了一个"盒子"当做售楼处，再把样板房搭入其中，从入口到样板房还做了一个建筑连廊。

项目推进过程中，有四个难题需要攻克。一是需要建立双通行道的售楼处。通常我们在做营销展示中心时，客群动线是唯一的、可控的、强制的，但这个项目有两类客群进出：一类是自驾客群，城市界面是他们的主路口，因此我们设计了停车场；另一类是公共交通客群，为了避免他们绕远路，我们直接在售楼处后面打开侧门，但不作为主要出入口。二是因为样板房搭在原有桩上面，形成了场地的抬高。三是空间不足，普通示范区一般会有几个点构成，比如外部空间、内部空间和样板房区域，但这个项目的外部和内部其实是同一个空间。四是当公共交通客群进入时，如何提供优质的生活场景和营销体验。

空间有限的前提下，我们又要最大限度的提升不同客群的体验感，于是我们对前部空间进行了划分。先划分并界定口部空间，然后辟出一块功能区。绿城所有的项目取名都跟植物有关，这个项目也不例外，被命名为杨柳郡，也代表着青春与激情，我们便把这个功能区做成了极限运动场地，与之契合。

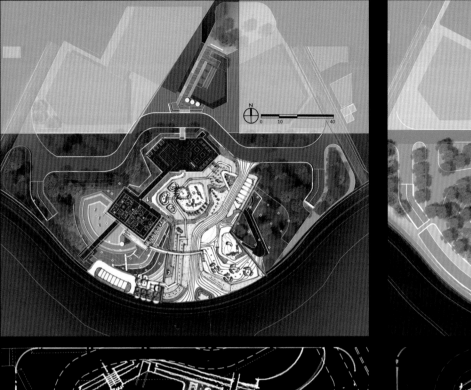

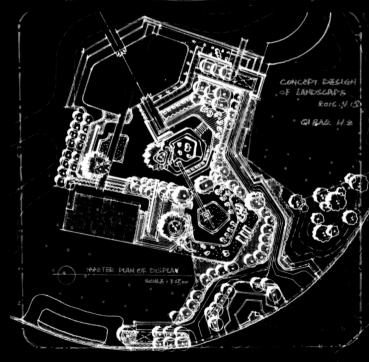

CONCEPT.
PLAN. OF.
LANDSCAPE.
2015.4.14.
GI BAO: H.Z

MASTER PLAN DISPLAY
SCALE: 1:500.

CONCEPT. DESIGN
OF LANDSCAPE.
2015.4.15
GI BAO: H.Z

MASTER PLAN OF DISPLAY
SCALE: 1:500.

从上图可以看出，我们最初的设计是客群从两处进入，然后绕一圈进入售楼处。售楼处的后场区域我们定位成"水吧"休闲区。这也符合绿城生活馆的概念，更贴近生活。

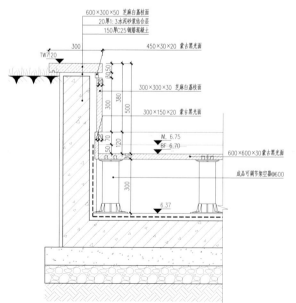

600×300×50 芝麻白荔枝面
20厚1:3水泥砂浆结合层
150厚C25钢筋混凝土

300   450×30×20 蒙古黑光面
TW八20

300×300×30 芝麻白荔枝面

300×150×20 蒙古黑光面

WL 6.75
BF 6.70

600×600×30蒙古黑光面

成品可调节架空器φ600

6.37

（单位：mm）

深藏也露的销售处入口，品质从这里提升。内外有别的差异化设计，为项目形象增色。设计大量使用白色大理石与黑色花岗岩形成视觉冲击，黑白分明的道路、提亮内部空间的白色景墙、简约时尚的线条设计等符合年轻人审美，更易获得青年一代的价值认可。大面积的镜面水景与沉稳大气的黑色水底辉映，现代、简洁轴线设计与体验馆年轻、灵动的建筑风格呼应。体验馆前，连接南北侧示范区与售楼处连廊形成的围合空间与镜面水景延伸了视觉效果。

水和墙的交接采取了悬浮式设计，这样后期此处拆除后，石材还可以继续使用。我们把无边镜面做到了 20mm，一来保证了循环水系可以顺利采集水，树叶等杂质可直接落入，二来避免了大水量的波动，保持水面平静。整个项目因为成本问题，没有采用不锈钢材质，而是使用了可回收的石材。

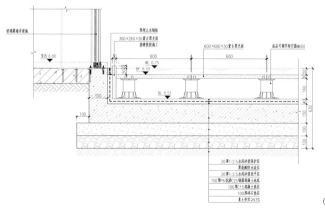

（单位：mm）

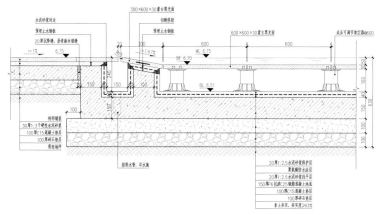

（单位：mm）

我们在入口处的空间做了露台，因为另一侧动线非常狭窄，就做了镜面的效果，把狭窄的通道进行围合，并且在里面种了一排树，使之产生了无限延伸的视觉效果，使局促的空间相对宽松。

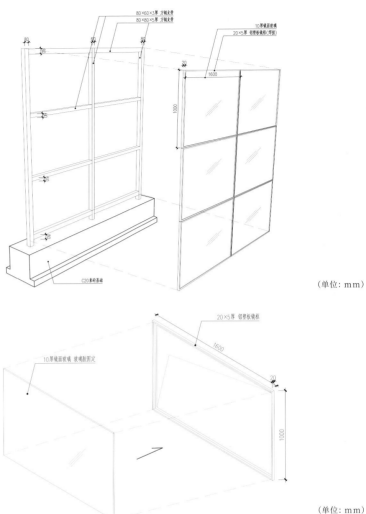

80×60×3厚 方钢光骨
80×80×5厚 方钢光骨

10厚镜面玻璃
20×5厚 铝塑板镜框(焊接)

1600

1000

（单位：mm）

C20素砼基础

20×5厚 铝塑板镜框

10厚镜面玻璃 玻璃胶固定

1600

20

1000

（单位：mm）

最初我们的想法是从中轴进入的时候做双面玻璃，侧面视觉上要求有纤薄感，这个设想的难点在于结构和抗风力。按照常规做法的钢挂或者钢构架，初步计算厚度为300mm，后来经过我们多次方案改良和与玻璃厂商的探讨，厚度为80mm，最后成品为100mm的双面。当时的施工图和现场都是按照此设想推进，但过程中发生了不可逆的问题，最终方案调整成单面玻璃，背面做了竖撑的三脚架。

在玻璃的推敲中，我们最初想法是用整面的玻璃，玻璃的固定方式我们做成框架，然后把玻璃嵌进去，用不锈钢边做装饰，但在当时这种规格的玻璃难以加工。同时考虑到整面玻璃结构受力的问题，最后我们改成了方块状玻璃，在十字交接处露出镜面不锈钢框架，反而形成了一个比较好的效果。

景瑞·天赋
JINRUIS MAJESTIC MANSION

业主单位 / 景瑞地产
项目地址 / 杭州
建成时间 / 2017
获奖信息 / 2017 KINPAN 金盘奖华东地区年度最佳豪宅奖
2018 德国 iF 设计奖

景瑞天赋位于杭州市钱江世纪城南部，距杭州核心商圈武林广场 9km，周边林立的高楼，焕然全新的市政界面已经能让我们预见钱江世纪板块作为杭州未来 CBD 的荣光。整个项目地块非常平坦，周边被厚密的市政绿化包裹着，但是展示区靠近萧山机场，地理位置偏僻。从开发商角度来看，这里属于自有地块，上层地面是绿地属性，下层想做成会所。我们所承接的展示区是在地下。当时整个项目景观、建筑和室内分别独立做设计，团队之间没有沟通。展示区选址在项目的西北角，所以售楼处建筑被规划了在地下，所以就形成了多个大小不一、形态各异的采光庭院，这种垂直空间关联性注定使展示区与众不同，也让当时刚接手的我们兴奋不已。

空间是设计师营造场景最有利的武器，这个项目可以真正意义上在大地的三维中创造趣味的场景体验，而多重的三维空间也更有利于将丰富的光与影运用在景观元素之中，光影相伴必精彩纷呈。整个展示区从 2016 年 10 月开始设计，通过甲乙双方的共同努力，在 2017 年 6 月得以完美呈现，并获评景瑞集团"最佳示范区"。

右图所示是一个相对完整的设计，和室内的元素比较统一。项目的整体结构也是常规做法：两边叠水、中间架桥。我们最初两边想采用镜面元素，选择特殊树种，以期待效果呈现更为现代化，但因为施工单位的失误，树坑直接被浇埋。

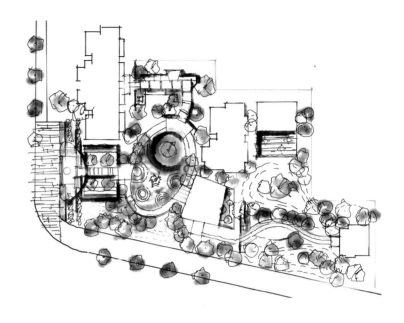

我们最终采用现代景观手法营造多重场景，展现未来社区的景观气质，将现代、时尚、艺术完美融合。利用多重空间创造多重景观体验，将时尚的元素充分展现，艺术的质感完整表达，自由的气息完美传递。展示区入口广场铺装通过泼墨山水的元素进行了艺术表达，这也与杭州这座山水之城的气息相呼应。展示区的口部通过现代的门头、片墙、水景等元素打造台地式的礼仪空间，将景观从城市界面向体验区的核心深处进行延伸。穿过门头，一条空中栈桥横跨口部的下沉庭院。处于这狭窄的通过型空间之中，不仅能感受到空间纵深感表达的淋漓尽致，而且空间上下视线间的关联也使得通过过程中充满了新奇与趣味。同时景观的观赏性也非常值得注重，不需刻意打造浮夸无味的空间场景，两侧跌水的艺术景墙正是这样现代艺术气息最合理的传递。

进入核心展示区，大面积镜面水景、圆形下沉庭院、弧形道路、点睛雕塑等元素的有机结合，赋予了这个空间无限的向心力。在这个空间中，我们不遗余力的传递了自由艺术的气息。线形的镜面弧形景墙、架空离缝的铺装步道、星空镜面水景等，这些增强景观细节的考虑，也使得到访的每一位客户产生对未来美好生活的无限遐想。

中间的水潭我们花了很多心思，把它改造成了镜面，作为建筑的局部。我们把圆形下沉庭院作为核心要素打造，它的底部可以进行声光互动，水根据时间可以发生变化，但你在上面是感受不到的。它下面的周边就是售楼处的展示区，所以中间我们营造了镜面的纯净感。

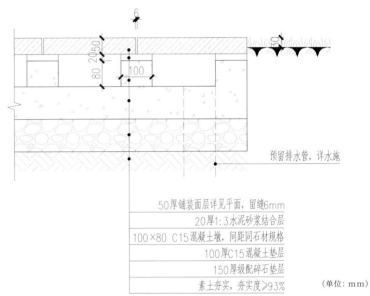

预留排水管，详水施

50厚铺装面层详见平面，留缝6mm

20厚1:3水泥砂浆结合层

100×80 C15混凝土墩，间距同石材规格

100厚C15混凝土垫层

150厚级配碎石垫层

素土夯实，夯实度≥93%

（单位：mm）

180x600×50幻彩麻火烧面烧面

桥面铺装见平面图
30厚1:3干硬性水泥砂浆
桥梁结构钢筋详见施
桥底膜土结构层
桥梁结构钢筋详见施
钢板环形 着色烤漆自攻螺钉钉固

（单位：mm）

桥下有一个 6 米的下沉空间，我们希望在这个空间里有树长出来，人在桥上就可以看到树梢。当时后场里面室内有很多架空层，可以对庭院进行一些融合，当时想把相对生活感的功能融入售楼处，因为这里未来是大区的地下会所。

这是设计过程中的一版草图，当时建筑墙体有几个洞，但洞的位置和区块都不清楚，给我们反馈的信息就说有一个采光庭院，基本上我们的思路是希望将整个进入的方式在水景之上，外面的区域设计，现在来看是想的过于复杂。我们想做一个穿林而过，又很重复的在旁边加了一条路，最后的设计还是改成了一条路。不过大形态此时已经确定了，设计找到了一些意向，尽可能的往现代、创意、艺术性的感觉来靠拢，这个就是进入地下会所售楼处室内空间的玻璃盒子。

这个是当时我们中间水景的设计方案，设计意向来源于安藤的水御堂和北京某 CBD 的隧道，上面有水幕可以洒下来，想模拟这种感觉，营造公共区域的氛围。

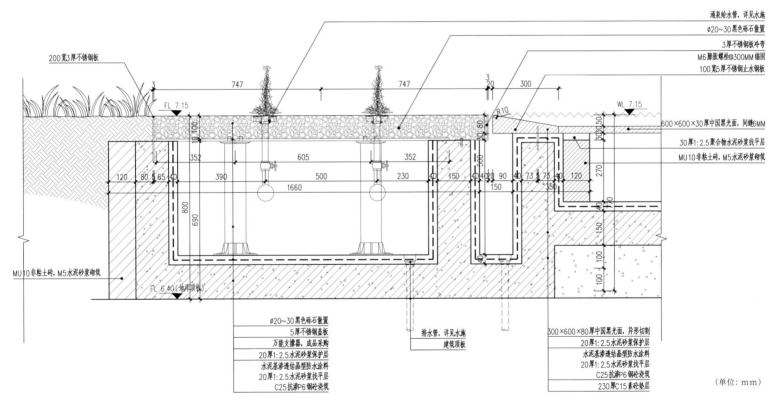

涌泉给水管,详见水施
Ø20~30黑色砾石散置
3厚不锈钢板冷弯
M6膨胀螺栓@300MM锚固
100宽5厚不锈钢止水钢板

200宽3厚不锈钢板

FL 7.15

WL 7.15

747   747   3 20 300

R10

600×600×30厚中国黑光面,间缝6MM
30厚1:2.5聚合物水泥砂浆找平层
MU10非粘土砖,M5水泥砂浆砌筑

352   605   352

120 80 5 65 40   390   500   230   40 150   40 40 20 90 40 73 75 40   120   270

1660   150   350

800

690

MU10非粘土砖,M5水泥砂浆砌筑

100 100

150

FL 6.40(地库顶板)

Ø20~30黑色砾石散置
5厚不锈钢盖板
万能支撑器,成品采购
20厚1:2.5水泥砂浆保护层
水泥基渗透结晶型防水涂料
20厚1:2.5水泥砂浆找平层
C25抗渗P6钢砼浇筑

排水管,详见水施
建筑顶板

300×600×80厚中国黑光面,异形切割
20厚1:2.5水泥砂浆保护层
水泥基渗透结晶型防水涂料
20厚1:2.5水泥砂浆找平层
C25抗渗P6钢砼浇筑
230厚C15素砼垫层

(单位:mm)

关于架空铺装,当时想寻找线性的感觉,包括从下面排水的角度来说,这样一个架空的铺装方式,希望铺装变得更硬挺一些。我们在后面中南春风南岸项目中对此做了一些升级,把这种纵向的缝缠了一些绷带。

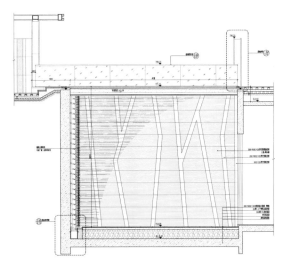

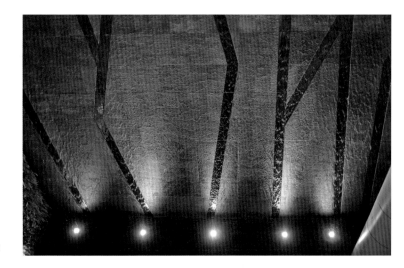

（单位：mm）

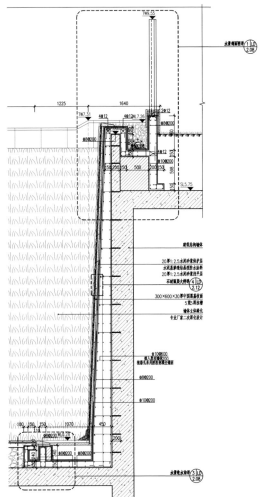

（单位：mm）

绿城·沁园蘭园
GREENTOWN TREVISTA ORCHID GARDEN

业主单位 /　绿城集团

项目地址 /　南通

建成时间 /　2018

获奖信息 /　2018-2019 CREDAWAR 地产设计大奖年度景观类专业优秀奖

当时绿城在南通有两个项目，其中一个做了这个示范区。示范区的原型是甲方承租的公园原有建筑。在原有建筑的基础上进行改造，对于景观设计而言，会有什么影响呢？

这样的示范区营销感受无疑是支离破碎的，售楼处与周边环境没有可呼应之处。在这样的前提下，我们把售楼处做了简单的改造，将客户的主要体验放在了样板房区域。我们先设计了一个门头，作为城市界面，把这个房子当成售楼处的空间，然后做了庭院设计，穿过庭院后并不会直接到达售楼处，而是先看到环境展示空间，也可以认为是售楼处的后场区域或者洽谈空间。在这种极简设计中，对于设计师细节把控能力和工艺使用的要求是非常严格的。

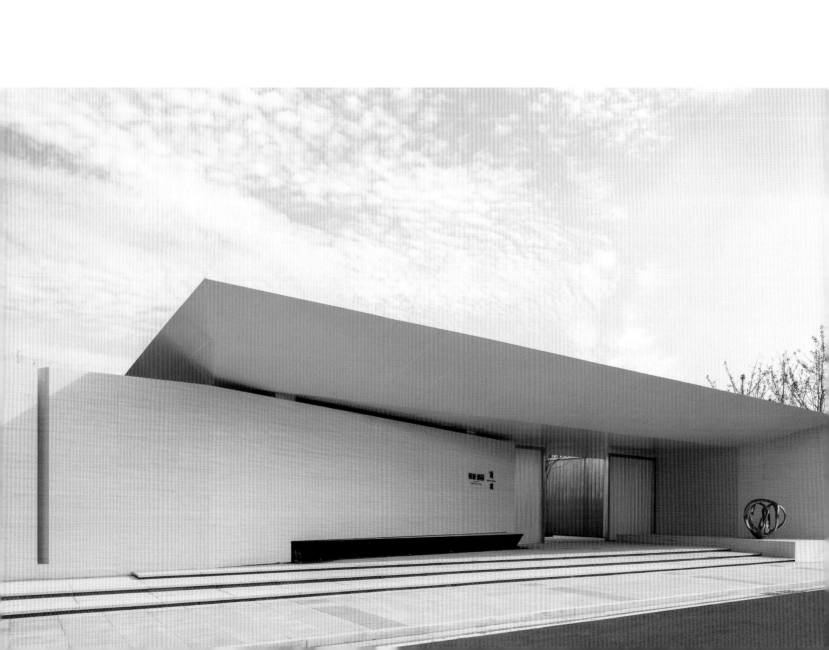

沁园展示区的设计理念是：艺术融入生活，通过建筑塑造景观空间形态与层次，通过艺术文化串联空间场地，实现艺术与现代生活的交融。

在营造风格上，我们延续了绿城惯有的中正大境，并融入现代生活美学，力求打造一座集现代、艺术、生活三者一体的体验馆。我们打破传统示范区的概念，从整体的设计风格以及功能表现上，呈现虚与实、光与影的元素和风格。我们通过对示范区入口、入口庭院、草坪花园、浮桥、长廊、内景花园、镜面水景七大景观节点的分别打造，展现出七种截然不同又相互融汇的生活境界。

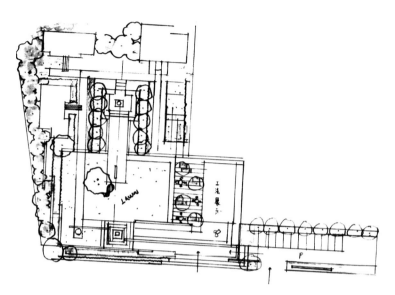

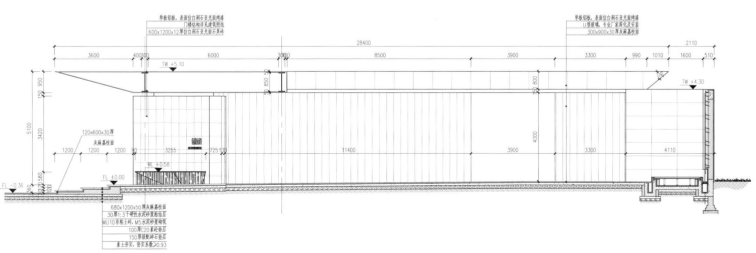

单板铝板，表面仿白洞石亚光面烤漆
门楼结构详见建筑图纸
600x1200x12厚仿白洞石亚光面荔枝砖

单板铝板，表面仿白洞石亚光面烤漆
U型玻璃，专业厂家深化及安装
300x900x30厚灰麻荔枝面

120x600x30厚
灰麻荔枝面

680x1200x50厚灰麻荔枝面
30厚1:3硬性水泥砂浆粘结层
MU10毛荒土砖，M5水泥砂浆砌筑
100厚C20素砂垫层
150厚级配碎石垫层
素土夯实，密实系数≥0.93

（单位：mm）

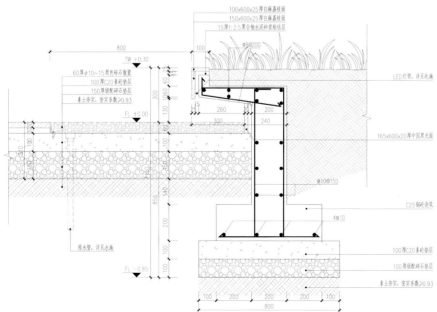

100x600x25厚白麻荔枝面
150x600x25厚白麻荔枝面
15厚1:2.5聚合物水泥砂浆粘结层

800

TW +0.30

60厚φ10~15黑色砾石散置
100厚C20素砼垫层
150厚级配碎石垫层
素土夯实,密实系数≥0.93

300

φ8@200

FL +0.00

LED灯带,详见电施

165x600x20厚中国黑光面

260

200

300

240

φ10@150

C25钢砼浇筑

4φ10

排水管,详见水施

850

200

100

100厚C20素砼垫层
100厚级配碎石垫层
素土夯实,密实系数≥0.93

FL -0.85

100 200 200 200 100

800

（单位：mm）

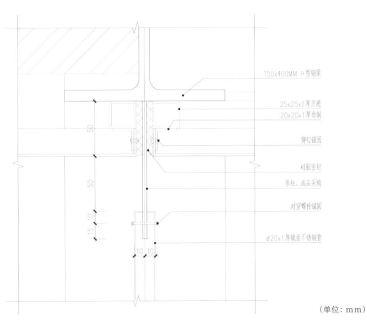

150x400MM H型钢梁

25x25x2厚方通
20x20x1厚亮钢

铆钉锚固

硅胶密封

吊柱,成品天购

对穿螺栓锚固

ϕ20x1厚镜面不锈钢管

（单位：mm）

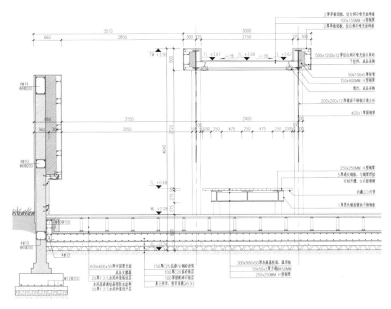

2厚单钢板, 仿白麻石喷光面石两侧
100x150MM H型钢架
2厚单钢板, 仿白麻石喷光面石两侧挂件

500x1200x12厚白麻石喷光面石荔枝面
干挂件, 成品采购

50x150x5厚钢管
150x400MM H型钢架

筒灯, 成品采购

200x200x12厚镜面不锈钢3通立柱

φ20x1厚圆钢管

250x250MM H型钢架
5厚通长钢板, 与钢架焊接
6材贴墙, 云石胶填缝
内藏LED灯带

1厚黑色镜面镀钛不锈钢板

600x600x30厚中国黑光面
成品支撑架
20厚1:2.5水泥沙浆贴钻石灰
水泥基渗透结晶型防水涂料
20厚1:2.5水泥沙浆找平层

150厚C25抗渗6钢筋砼现
100厚C20素砼垫层
100厚级配碎石垫层
素土夯实, 密实系数≥0.93

300x900x50厚灰麻晶柱底, 弧形板
50x50x3厚方钢φ450架
250x250MM H型钢架

（单位: mm）

这个风铃廊架, 当时是整条的钢管, 我们担心由于它的重量导致的晃度, 想在中间加钢筋, 让它保持稳固, 到后期还是没有完全达到我们预期的效果, 钢管的钢口并不是在一条直线上, 因此, 这个设计我们后期还在不断改进中。

东原·印未来
DONGYUAN FUTURE IMPRESSION

业主单位 / 东原集团
项目地址 / 杭州
建成时间 / 2018
获奖信息 / 2018-2019 KINPAN 金盘奖浙江区域年度最佳预售楼盘奖

东原·印未来项目位于杭州未来科技城，紧邻望溪路，毗邻文二西路，为科技城核心区域。杭州未来科技城是全国四个未来科技城之一，第三批国家级海外高层次人才创新创业基地，也是浙江省"十二五"期间重点打造的杭州城西科创产业集聚区的创新极核。这预示着我们未来的主要业主，多是以就职于阿里巴巴等互联网行业的高新技术人员为代表的"21世纪创意阶层"。

想象他们工作的样子、调研他们对生活空间的需求、揣摩他们对未来生活的期许，为他们量身定制更有质感的、舒适的、轻松的生活环境。多元、共享、自由、交流，是这类高新技术人员的群体特性，也是杭州的时代精神，更是我们想在项目中体现的场所精神。项目风格定为现代风格，手法上大气简洁，展现设计感、科技感、未来感，符合年轻人的品味。我们全身心投入于设计中，希望通过这个作品，不仅能在设计手法上有突破，而且在推敲打磨作品的过程中，不断探索未来生活方式的更多可能。示范区是大区的预告，示范区的建立其实是为了让业主直观感受到未来大区的模样，示范区更像是未来的缩影，是未来大区众多场景中最具代表性的一个，展现的是未来生活的总体气质，而非孤立打造的营销产品。

示范区位于全区的南侧主轴上，临葛巷路，面积八千平方米，为实建样板区。作为全区概念先行的实践区，往往将其视为大区的一个缩影，并赋予代表全区的责任。我们一方面希望能通过示范区，预演大区未来生活的方式，另一方面，也希望景观能以较为轻松、舒适、自由的形式呈现给众人。并且在后期，示范区可以做为大区南入口街区，担任集聚人群、社区活动、艺术展览等功能。

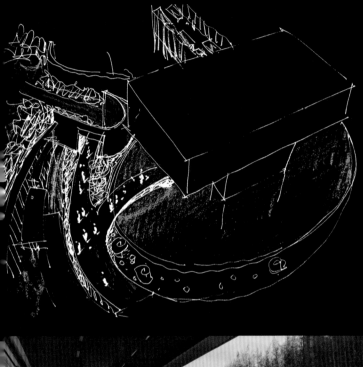

示范区前场，如镜的水面，不动声色，却包容万物。售楼处建筑整体轮廓简洁现代、通透轻盈，点缀着波浪般此起彼伏的月牙形仿陶釉的瓦片挂件，颇具现代江南韵味。主体建筑在镜水的映射下，共同构成宛若仙境的浮云图。

随着行走视线的变化，旋转格栅会显现部分或完整的块面。我们的设想是从市政路正面看格栅，朝向的块面自上而下变得越发单薄，视线变得通透，能直接看到示范区的主体建筑及周边景致；从侧面看，只能在视域中央看到部分景观，另一部分区域隐隐在格栅后，让人想追逐着一探究竟。

沓入示范区，艺术氛围如影随形，将来宾宛若置身于神秘浪漫的艺术领地之中。如镜的水面，梦幻般的云朵雕塑，自带未来感。我们希望通过云聚场雕塑为示范区展现一个戏剧性的场景，为全区设计埋下伏笔。

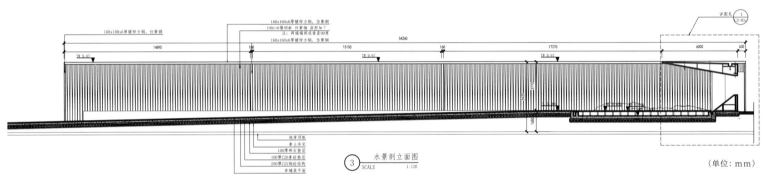

160x100x6厚镀锌方钢,仿紫铜

160x160x6厚镀锌方钢,仿紫铜
100x10厚铝板 仿紫铜 异型加工 T
注:两端端部成垂直90度
160x160x6厚镀锌方钢,仿紫铜

详图见 1
3-01

54260

14895   160   15150   160   17270   6000   630

TW 9.67   TW 9.67   TW 9.67

地库顶板
素土夯实
100厚碎石垫层
100厚C20素砼垫层
200厚C25钢砼结构
参铺装平面

③ 水景剖立面图
SCALE   1:120

(单位:mm)

100

10

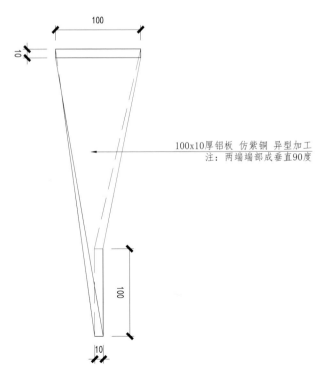

100x10厚铝板 仿紫铜 异型加工
注:两端端部成垂直90度

100

10

(单位:mm)

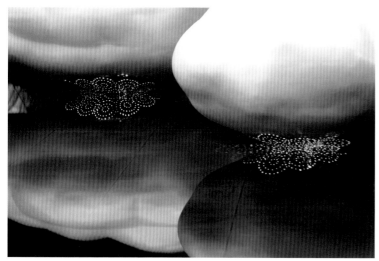

行走在宛若浮于水上的甬道，通道狭长且视线开阔，仪式感油然而生。水面如镜，映照着建筑主体，仿佛一切都是漂浮在水上，恍若梦境。延续建筑"漂浮"的概念，云朵舞台的雕塑浮于水上，通过镜面反射制造出云在风里飞，云在水中飘的戏剧性场景。平静水面犹如在建筑周围铺展开的舞台，而水中的云朵成为了舞台中的表演者，每一个表演者都承载着关于科技与未来的故事，静静地站在舞台中，等待故事上演。

未来大区的设计思想，包括空间策略、可达性策略、种植策略等，都浓缩于这个艺术花园之中。林立的大树、亲和力的草花地被、有序的路网、体现人性关怀的风雨连廊、休闲卡座及装置艺术等未来大区的生活场景正在这里预演。树阵广场是社交空间的主体，每颗榉树间距七米，能提供足够宽敞的通道供人通行，同时又形成舒适和安全感的林下空间供人活动。中层没有阻隔，人们可以在其中随机穿越，既能在规划路网上通过，也能穿过草坪，动线自由，不受限制，为居民生活创造更多的通达性。"观赏草＋乔木"的组合是公园式设计手法。从高层俯瞰，绿化覆盖率很大，空间内部感受通透性很强。传统的种植是将人隔开，我们的种植策略则是打破边界，增强人与自然的联系。场地景观结构有序，在主要通行的道路两侧配置水体与带有种植槽的观赏草、乔木，打造人与自然格外亲近的社交空间。

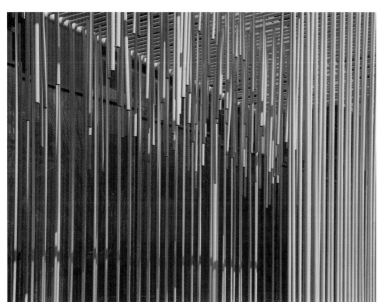

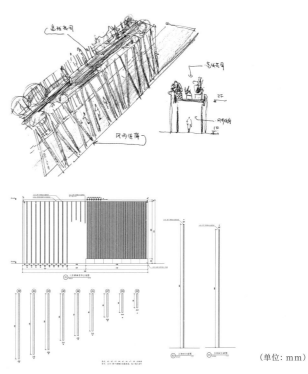

采光井和人防出入口都被艺术化处理，融入景观之中。镜子映射景观无限化空间。人防出入口的风铃装置安装了雾喷装置，雾气缭绕于铝质色钢管，仙气凌冽，时而发出悦耳的铃声，五感皆愉悦。

（单位：mm）

休息处位于样板区后院的放映厅，紧邻儿童活动天地。天井的设计弥补了大面积风雨廊造成的采光不足，圆形的巨洞与其下的石板铺装传递了天圆地方的概念，木格栅围绕着天井破出天空，大区的施工界面遍隐藏起来。我们设计的围板、格栅、树，都比较高，也是为了遮挡施工界面，营造一方优雅宁静的小天地。传统的格栅都是固定的，而我们在上下安装了双重滑轨，可以根据天气或者功能需求，将其开放或闭合。有趣的是，每片格栅都可以独立三百六十度旋转，增加了年轻人最喜爱"自由"的特性。在其完全打开时，天井就是采光极佳的灰空间，而在完全闭合时，就是个独立的放映厅。

在童梦空间中，我们塑造了一个孩子们的理想天堂。设计采用立体色彩空间塑造，同时解决样板区空间狭小的解决问题。起伏的小坡上，孩子们在木屋里穿梭玩耍、尽情奔跑，整个区域洋溢着欢声笑语。我们也考虑到了孩子和父母的互动需求。孩子在玩耍的时候，父母既可以陪同，又可以坐在休闲卡座上看护，或者走进样板区，这里有开放的休息处，可以坐观庭院全景。

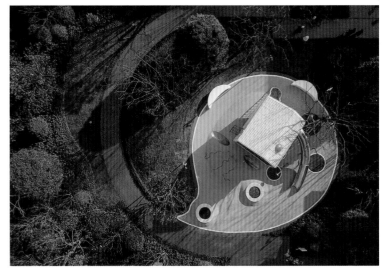

值得一提的是，有别于常规使用的成品塑料模型，我们这次用蒲苇、情人草、水晶草制成的干花来做沙盘植物景观，不仅拥有了更生动的造型，也把整个制作思考过程变得越发细腻、感性。印未来作为东原首个杭州的高端项目，汲取杭州的时代精神，以创新为灵魂，将多元、共享、自由、交流的城市基因融入设计，同时，我们将未来感注入到现代设计手法中，融合科技与艺术，打造更通透和简洁开阔的空间场地，引导新的设计生活方式，缔造了杭州未来生活的范本。而随着今后大区的建成，也将更多展现超前的未来生活方式。我们希望通过设计思考，赋予空间更多可能，让世界在眼前延伸。

中南龙湖·春风南岸
ZOINA LONGFOR SOUTHERN MANSION

业主单位 /　中南置地、龙湖集团
项目地址 /　南通
建成时间 /　2018
获奖信息 /　2018-2019 KINPAN 金盘奖浙江区域年度 / 总评选年度最佳预售楼盘奖

中南龙湖·春风南岸项目坐落于江苏南通崇川区。南邻兴盛湖公园，北临通启河，生态环境优越。路过苏南这座蕴含古典文化底蕴的城，不禁停下了脚步让我们去幻想这座城的未来该是什么样子呢？是否恍若云之彼端的天空之城"laputa"，既延续着古老的文化又呈现着时尚简约的艺术，呈现出惊艳的新科技。我们以印象未来景观的理念，与未来进行一场超时空的对话。

我们在这个项目上一定程度的探讨了未来，提取了一些科幻电影的元素，凝结成功能结合科技、光影空间的设计理念。我们推测未来景观应该是更生态化的水绿交融，有着去繁从简的大拙至美和少即是多的纯粹，以功能结合科技，用新型材料、现代技艺构筑虚实空间，营造出有自我个性的场所精神，是漂浮的时空，印象的光影。

春风南岸的流线，是由外到内、从下到上、再从上到下，形成整体、内外、上下的联动。此处设计亮点是外四重空间和内六重空间。空间流线曼妙多彩，整体多维度空间变化，灵动精彩。售楼处未来的属性为幼儿园，设计中将内部的多重空间以未来幼儿园永久的功能及空间打造，他是整个项目在以幼儿园为基底的条件下，未来幼儿园真实的场景展现。项目的展开界面与生态泊车场相结合，形成延展性的城市界面，并将过长的城市界面打破，模糊边界，延续空间。印象未来的城市界面从"闭"到"透"再到"穿"循序渐进，营造虚实结合的两重意境，将人们的探索心理逐渐增强，入口处未来"盒子"既明确了界面界限又加强了门头的招示感。简练的线条、干净淡雅的色彩，极具未来科幻感。印象未来的展开界面起始使用 U 型玻璃，制造视觉上的朦胧感，走过时，只能隐约的瞧见园内的风光，迫切想知道内藏的美景，你可以在此想象未来的模样。

下图所示，我们在未来幼儿园区域做了一个开口。停车场、转折空间的引导，打造了一个外接面，再加上外部的市政道路，使整个项目比较完整。我们着重整个延展面的打造，通过几个片墙，逐步来形成重复感，加之新材料的运用，营造了一个大场景的水景。

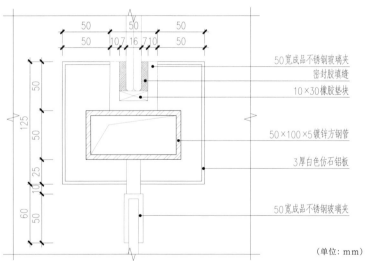

	50宽成品不锈钢玻璃夹
	密封胶填缝
	10×30橡胶垫块
	50×100×5镀锌方钢管
	3厚白色仿石铝板
	50宽成品不锈钢玻璃夹

（单位：mm）

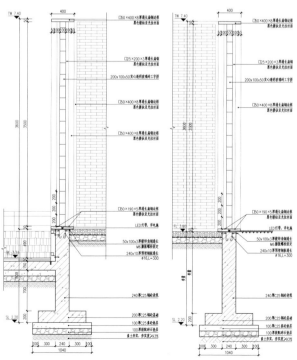

（单位：mm）

玻璃砖最后都是横向铺装，这个跨度比较大，我们用格栅进行固定，因为这个区域如果都用玻璃砖砌起来在结构上是有问题的。原本打算纵向来铺设玻璃砖，但在现场发现，已经横向铺设了一半，没有办法更改。为了提升玻璃砖夜间视觉效果，我们去别的项目实地考察，发现是把灯管藏在玻璃砖中。

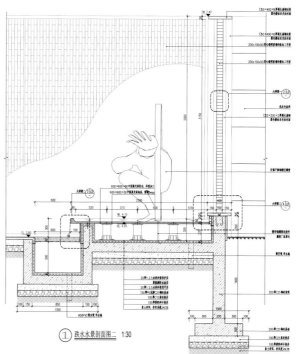

① 跌水水景剖面图二 1:30

（单位：mm）

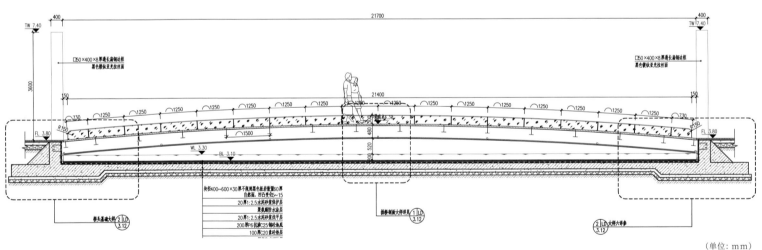

（单位：mm）

移步换景，只见流光重重水清浅，一座超长跨度近 24 米的微拱浮桥，犹如彩虹般飞跨水面，展现了未来的奇幻。拱型浮桥的底部没有相应的重力支撑，是以现代的工艺来还原石桥横跨的雅致景观。池底模拟传统文化中的斜屋顶瓦片样式，依次盘升，漫步浮桥似行走于屋顶，腾步于云端，直至未来。周围水雾渺渺升起犹如雾森，镜面镀钛不锈钢结合现代科技工艺达到了让植物、雕塑若隐若现漂浮在云雾间的效果，感觉似云中月、镜中花，强化了未来时空生活的科幻感受。

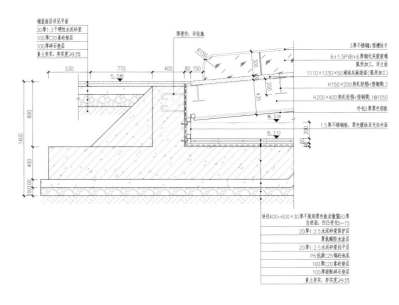

铺装面层详见平面
30厚1:3干硬性水泥砂浆
100厚C20素砼垫层
100厚碎石垫层
素土夯实,夯实度≥93%

预埋件,详结施

3厚不锈钢J型槽扶手
6+1.5PVB+6厚钢化夹胶玻璃
弧形加工,详立面
1110×1330×50湖南灰麻瓷面(弧形加工)
H150×200热轧轻钢+型钢骨2
H200×400热轧轻钢+型钢骨1@1050
外包3厚黑色铝板

1.5厚不锈钢板,黑色镀钛亚光拉丝面

R150
FL 3.80
WL 3.10
BL 3.10

530 770 400 80 150 300 200 450 200 80

1400 800 400

100 100

块径400~600×30厚不规则黑色岩板散置图60厚
自然面,凹凸变化5~15
20厚1:2.5水泥砂浆保护层
聚氨酯防水涂层
20厚1:2.5水泥砂浆找平层
P6抗渗C25钢砼池底
100厚C20素砼垫层
100厚级配碎石垫层
素土夯实,夯实度≥93%

(单位:mm)

这部分设计想法来自模拟屋顶行走的感觉,整体是一个跨度24米的超长跨度桥,我们希望人在这个角度看桥非常的纤薄,才能达到设计效果,所以我们采用完全三角形的方式来支撑结构。这种超长跨度对于压力要求是很高的,当时中南有一个结构总师,给了我们一个很好的建议,将桥的结构与水池结构进行一体化处理,然后用水池自身发力来支撑张力,节省了很多的成本。

项目中的主题雕塑以人物动作为基础，不同人物动作赋予他在未来的主题意义，雕塑的深化设计将景观方案所需表达的主题性和美感通过工艺及造型进行展现，在元素上也与项目未来时空·印象光影的主题相融合，成为项目的点睛之笔。

① 艺术玻璃盒子剖面图二 1:30   （单位：mm）

林镜空间采用镜面、水面双重反射，将空间无限放大。将实体隐藏，周边呈现的皆是不同的空间，在不同视角、不同光线下可以看到同一个物体的不同状态，甚是奇妙奇幻。少即是多的纯粹艺术感，淋淋尽致的表达。阳光、镜面、树林，影动暗香，每一次光与影的相互交错，都呈现出不同的艺术特色，每一次都是意外的惊喜。

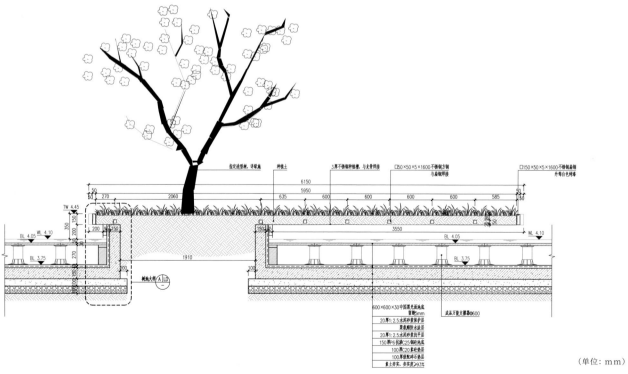

指定造型树,详竖施
种植土
3厚不锈钢种植槽,与龙骨焊接
□50×50×5×1600不锈钢方钢 与扁钢焊接
□150×50×5×1600不锈钢扁钢 外喷白色烤漆

6150
5950
50 270   2060   635   600   600   600   600   585   50

TW 4.45
350 200 150
BL 4.05   WL 4.10   200 150 150
150 35
3550
WL 4.10
BL 3.75   270   BL 4.05
BL 3.75
100   1910   100

树池大样 A / LD

600×600×30中国墨光面池底 留缝5mm
20厚1:2.5水泥砂浆保护层
聚氨酯防水涂层
20厚1:2.5水泥砂浆找平层
150厚P6抗渗C25钢砼池底
100厚C20素砼垫层
100厚级配碎石垫层
素土夯实,夯实度≥93%

成品万能支撑器@600

(单位: mm)

56

场地的属性决定了设计的本身，幼儿园的空间需要有特殊的场景进行呈现。儿童活动中心分隔成可大可小的多个方形空间，使场地空间变化丰富。二楼抵达一楼儿童活动中心的楼梯有屋顶，可以让孩子们享受在小盒子里藏匿攀爬的乐趣。楼梯也分为两个部分，一是选择沿楼梯直达，二是乘滑梯直达，这样的设计既灵动轻巧，又联动了上下的流线空间。将屋顶台阶与儿童活动空间融合也是在设计最初时对于场地整体认知的综合考虑，通过合理布置室内外空间和竖向空间，整合项目整体流线，使得未来的核心空间与展示区的流动空间之间产生关联，形成整体。七彩雨林台阶和 Minibox 花园不仅仅是展示区阶段的场景展示，他们更是整个项目在以幼儿园为基底的条件下，未来幼儿园真实的场景体现。

富力皖投·大河城章城市体验区
R&F WANTOU THE UPPER RIVERSIDE

业主单位 /　富力地产、皖投置业
项目地址 /　阜阳
建成时间 /　2019
获奖信息 /　2019-2020 CREDAWAR 地产设计大奖年度景观类专业优秀奖

本项目位于安徽省阜阳市颍东区，颍东区目前还不是城市重点发展区域，虽然项目旁的颍河是当地的母亲河，但这个城市的生活却一直和水岸没有太大的关系。富力拿下地后，答应了政府去搭建滨水公园，我们先期的开发地块是最北侧的一号地块，它有一个很大的入口，既有会所又有商铺，还是未来车行和人行的入口，同时作为了前期的售楼处，我们要处理它前方的公共绿地。我们最开始拿到项目信息时，甲方传递给我们的信息是营造一个比较小范围的景观，打造一个临时示范区，可以比较快速推进，但最后我们根据周围的生活状态，打造了一个拥有两万平米的永久展示区，希望这一生活态度能得以延续。

直来直去亦成事
有棱有角可立身

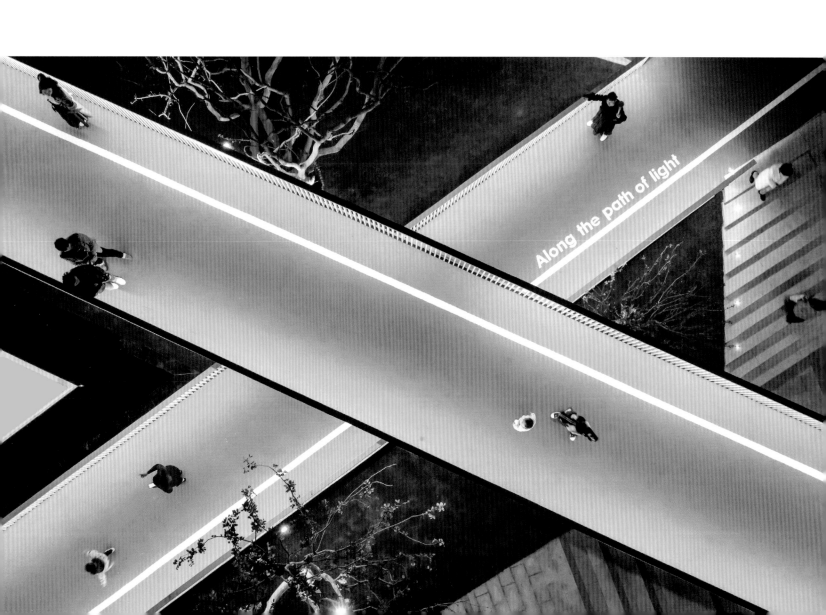
Along the path of light

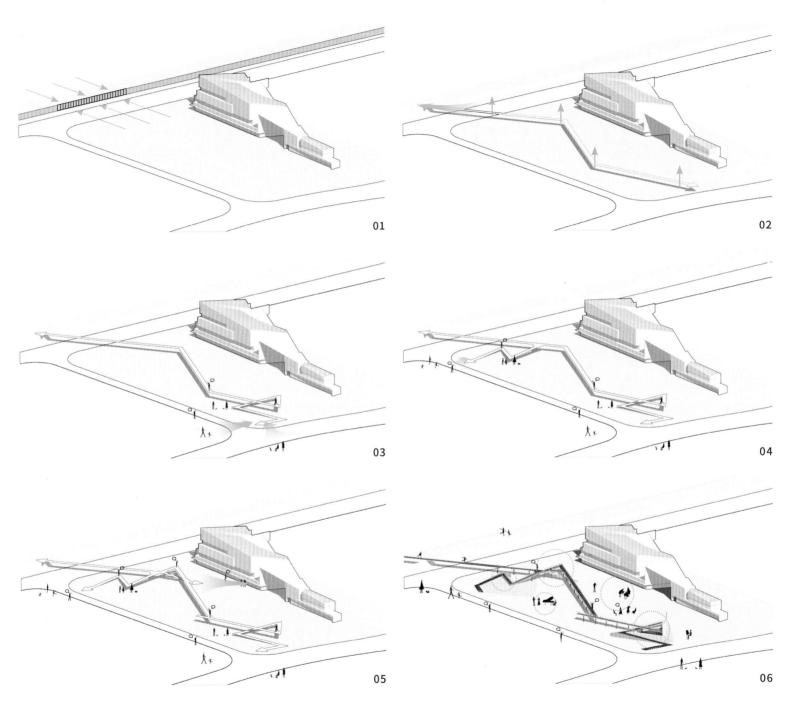

01

02

03

04

05

06

20世纪70年代起，颍河便承担着航运和港湾的作用，经过历史的沉积与演变，其港口功能逐渐弱化，但其悠久的历史却孕育了沿岸的文明与活力。项目有几个显著的在地特点，可以充分地立足历史，融合城市公园与社区入口为一体进行创新设计，同时也搭起了通往将来滨河景观带的立体交通方式。

设计时需要迎接的三个主要挑战：一是城市设计界面如何激活创新，二是如何为片区带来人气，三是如何梳理复杂的交通流线。方案从时光穿梭、艺术新生的维度出发，运用几何形态元素，为无形的设计逻辑赋予有形的语言表达。

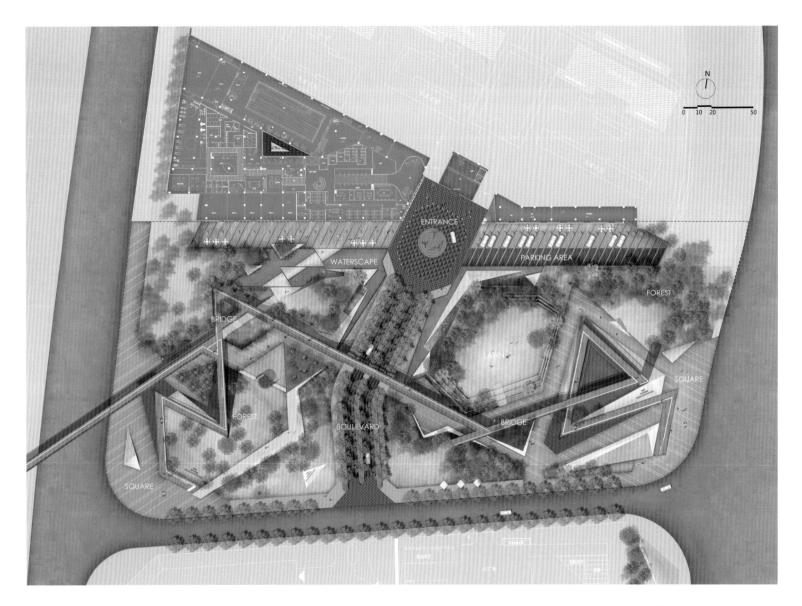

场地西侧的水岸之前是货运码头的用地，有废弃的铁路、水塔及防汛墙，这些都在滨水空间的设计中得以保留。我们的场地位于水岸和城市道路之间，在未来，南北两侧会建设新的住宅社区与学校。现在西岸存在具有历史感的水塔建筑，我们在构思概念时，无论空间维度还是时间维度，都想与其甚至是与历史产生对话。为了梳理复杂的交通流线，东侧接纳市区较大人流量，西侧接滨水空间，设计师在场地中建造一座廊桥，一座联系过去与现在，时间与空间的廊桥。未来桥上可直达水岸，感受历史与生态，桥下梳理出车行通道与人行通道，综合考虑了商业广场与停车管制。

桥体为钢结构，全长300m左右。同时为了让桥的起始端变得方便且富有趣味，我们把廊桥盘旋而升，抬至最高点5m，同时在平面与空间上都存在转折手法，这样才能够在有限的空间中以一个舒适的坡度（坡度在2%左右）走上桥面，并且也易于建造出一个有趣味的立体空间。另外，桥在未来也需要链接西侧转角处的人流，对于社区位置来说，成为一个便捷的切入口。桥体以橙色与白色为主题色，橙色的桥面与白色的栏杆相衬，栏杆高度1.15m高，安全性也得到保障。长度也经过考量，介于漫步道与跑道之间，希望未来会成为一处居民调节运动品质的媒介。

桥的构想源自最单纯的目的，我们希望未来人们可以很方便的跨过道路和堤坝，直接抵达水岸；同时我们还希望桥的起始端，不但方便进入并且有趣，于是我们把它盘旋而升，这样就能在有限的空间中以一个舒适的坡度走上桥面，并且也营造出有趣味的立体空间。另外，桥在未来也需要连接西侧转角处的人流，作为社区便捷的切入口。

桥上桥下都是孩子们游戏的场地

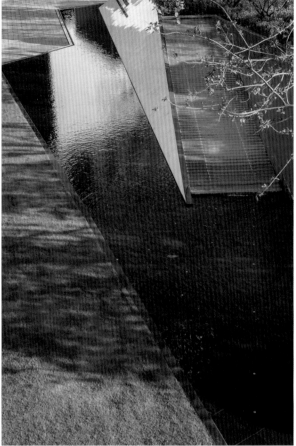

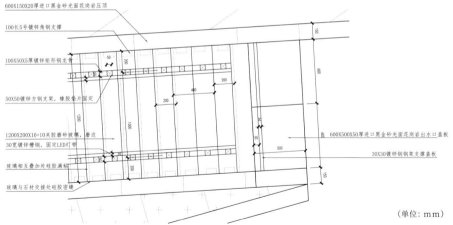

600X150X20厚进口黑金砂光面花岗岩压顶

100长5号镀锌角钢支撑

100X50X5厚镀锌矩形钢龙骨

50X50镀锌方钢支架，橡胶垫片固定

1200X200X10+10夹胶磨砂玻璃，磨边
30宽镀锌槽钢，固定LED灯带

玻璃相互叠加处硅胶满粘

玻璃与石材交接处硅胶密缝

600X500X50厚进口黑金砂光面花岗岩出水口盖板

30X30镀锌钢架支撑盖板

（单位：mm）

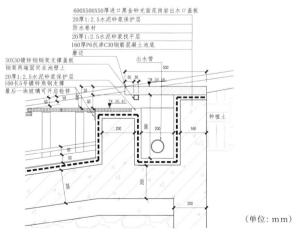

600X500X50厚进口黑金砂光面花岗岩出水口盖板
20厚1:2.5水泥砂浆保护层
防水卷材
20厚1:2.5水泥砂浆找平层
160厚P6抗渗C30钢筋混凝土池底

磨边

30X30镀锌钢架支撑盖板
钢架两端固定在池壁上
20厚1:2.5水泥砂浆保护层
100长5号镀锌角钢支撑
最后一块玻璃可开启检修

出水管

种植土

（单位：mm）

玻璃叠水设计详图

由于场地北侧为社区住宅，南侧为公共绿地，因此场地还需满足必要的人流疏散功能。市政道路连接着社区的出入口，我们将车行与人行的动线通过种植划分，保证各自的通行空间，并且在入口处形成落客的环岛空间，可以便捷地连接周边的公共空间，使社区与公园交融一体又各互不干扰。

植物的选择与搭配也是经过考虑的，我们希望设计可以给场地营造一个公园的氛围，阳光在能在草坪上留下斑驳的光影感，于是我们选择榉树、乌桕等林冠舒展的大乔木作为公园的基调树，随着季节的变化，它们会展现出不同的色相，呈现不同的美感。

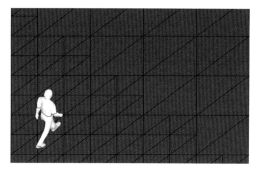  

为了给这片区域带来人流量，让其成为城市活力的枢纽，在最初的概念设计阶段，设计师希望为场地的铺装进行特色设计。考虑到石材异形的加工的难度与周期，我们提取几何形态的元素，将三角形像素化，从整体看来仍然可以呈现出设想的效果。在最后和施工单位的交底过程中，我们发现小料石的大面铺贴是很难控制对缝效果的，并且时间周期可能会更长，于是我们便选取了一个折中的方式，将大块的 2m*2m 的异形板分割成 100mm*100mm 小规格的板，能够兼顾施工时间周期和我们希望达到的效果，同时小规格的石材耐久度会更高，尤其是对车行区域。最初选取三角形作为我们的元素的原因，是考虑到其结构的稳定性，造型感也比较抢眼，不管是立面还是平面，都能有稳定的美感。

龙湖·春江天玺
LONGFOR GLORLOUS MANSION

业主单位 / 龙湖集团
项目地址 / 上海
建成时间 / 2018

春江天玺位于上海市奉贤区南桥新城。项目东临规划金二路，西侧与规划光明路临河相望。作为龙湖"悦智"系列的首个落地项目，春江天玺将全面展现新式未来社区的面貌与构想。作为未来大区的预演，体验区承担了传达项目气质的责任。在这个转角处的方形场地内，如何将直白的空间合理有趣的组织，引发了团队内长时间的争论。我们不想用声光电营造乌托邦似的未来，而是希望展现当下与未来既区别又关联的美妙传承。在一次头脑风暴中，M.C. Escher 的《相对性》帮助我们找到了答案：通过介质，不可同时存在的事物也能共存。而体验区正是搭载人们前往未来生活场景的神奇媒介。

我们将售楼处设定为一处折叠时间的虫洞，时光之旅从这里开始。前场建筑立面上的玻璃幕墙和铝板成90°咬合，傍晚的灯光从四面八方罩下来，在折面间流动和消融。暖色调的光芒和影子一同打在前场水面上，唤醒沉睡的时间和未来。我们在草图中推敲了前后场的形式和关系，希望将后场的未来感与现实的市政界面稍作隔离。最终的完成稿综合了不同草图方案中的几何形式和空间形态，通过Z形动线引领行人穿行在折叠的时光里。

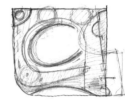
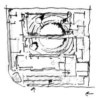

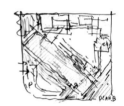

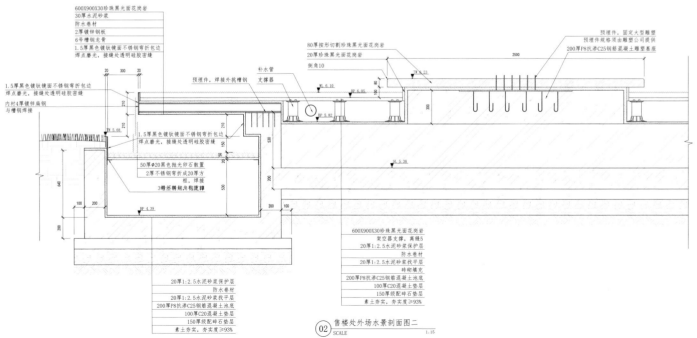

②售楼处外场水景剖面图二
SCALE 1:15

（单位：mm）

无限镜屋是进入时光虫洞后看到的第一个场景。在这个三侧镜面围合的场所内，光线与镜面开拓着空间。3.6m 高的灰镜从三个方向将八棵榉树反射为无穷阵列。这个小型空间并不完全是为售楼而打造的噱头，它也是我们对时间交叠空间的景观化表述：当空间延展或折叠，便化为通往异度世界的入口，深邃而迷人。寂静的夜晚里，漫天星辰和地上的十二面体星灯一同反射在这片没有尽头的小宇宙中。头上星云荡漾，我们站在这片无穷的森林与星夜里，庆幸着每一个推敲尺寸、间距、冠幅、照度的夜晚都没有白费。

我们不能把时间揉圆捏扁，但我们可以创造一方模糊当下与未来界限的小世界。在这个充满折角和数学规则的空间里，一切都在复杂的几何关系中找到静止和平衡，行走在凝固的水光和建筑里，只有跌落的水柱提示着时间流转。落水如时间流过的实现要点在于将4.1m处的水成柱状准确导入前方落水点。出水边沿的深浅和形状、水流的缓急和流量经过反复斟酌和试验，以确保流水线条平静地和镜水面连接。为了解决前场和建筑出入口不对应的问题，我们将汀步以三角形式错落安置，稳定的三角形态和错落安置的不稳定结构结合为一体，增加了这片水景的奇幻和惊喜。

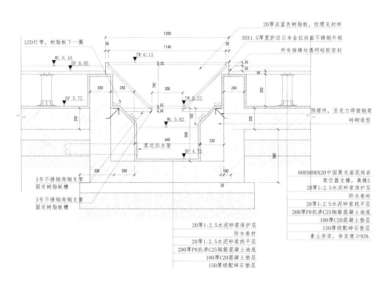

（单位：mm）

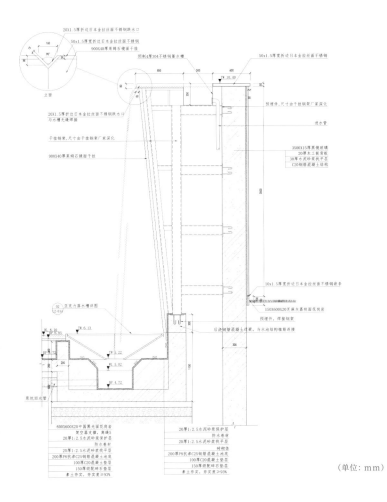

（单位：mm）

精筑花园是通过时光虫洞后抵达的未来生活之境，也是最接近未来大区生态
的设计环节。我们想勾勒一个有艺术和林荫氛围的"未来轮廓"，大区的人
群活动将在这样的氛围中缓缓展开，充满诗意和烟火气息。

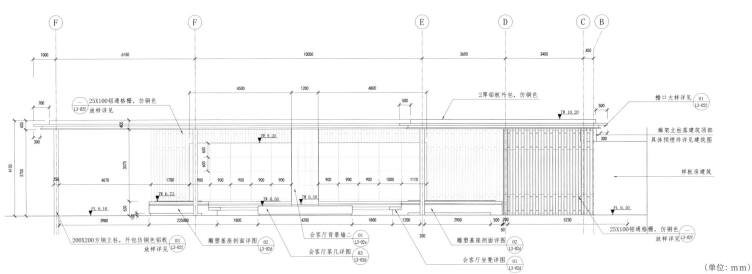

（单位：mm）

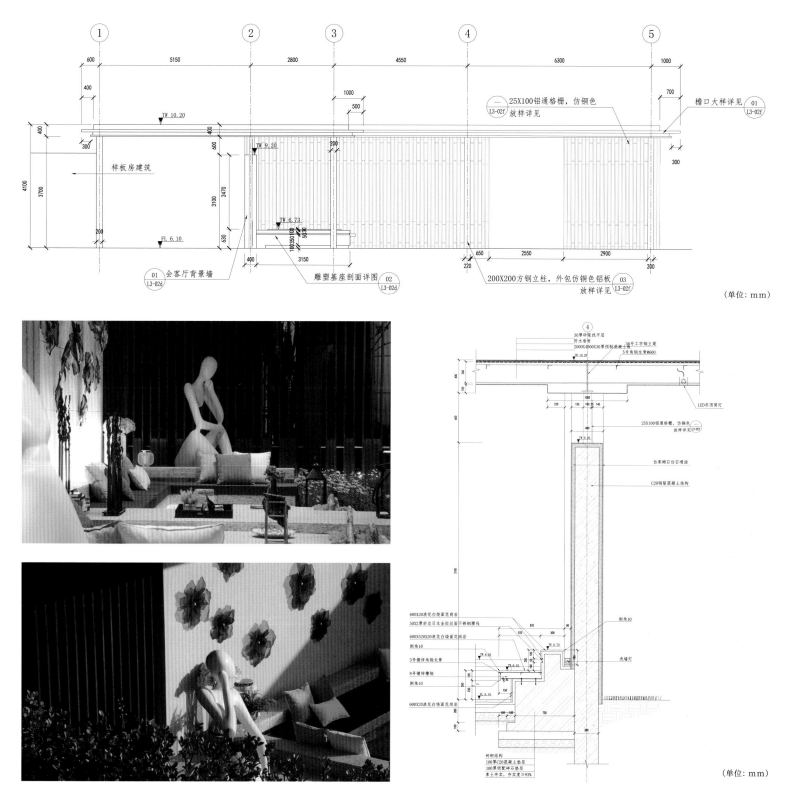

25X100铝通格栅，仿铜色
放样详见 L3-02f

檐口大样详见 01 L3-02f

样板房建筑

01 会客厅背景墙 L3-02d

雕塑基座剖面详图 02 L3-02d

200X200方钢立柱，外包仿铜色铝板 放样详见 03 L3-02f

（单位：mm）

30厚砂浆找平层
防水卷材
2000X4000X30厚预制混凝土35号工字钢主梁
5号角钢龙骨@600

LED吊顶筒灯

25X100铝通格栅，仿铜色
放样详见 L3-02f

仿莱姆石仿石喷涂

C20钢筋混凝土结构

600X20澳花白绕面花岗岩
50X2厚折边日本金拉丝面不锈钢腰线
600X520X20澳花白绕面花岗岩
倒角10
3号镀锌角钢龙骨
8号镀锌槽钢
倒角10
600X20澳花白绕面花岗岩

倒角10

洗墙灯

砖砌结构
100厚C20混凝土垫层
100厚级配碎石垫层
素土夯实，夯实度≥93%

（单位：mm）

77

我们将精筑花园的艺术氛围延展到大区，以风格派艺术家蒙德里安的作品《红黄蓝的构成II》作为分割空间和诠释色彩的依据。湿拓花园和甜甜圈花园融合了湿拓艺术和艺术装置，是我们为未来生活建造的日常情境：艺术锤炼细节，光影制造情动，美学打造生活。

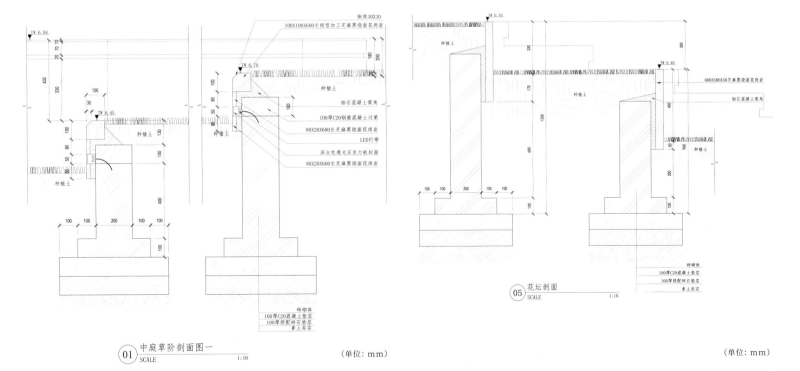

01 中庭草阶剖面图一
SCALE 1:10

（单位：mm）

05 花坛剖面
SCALE 1:10

（单位：mm）

和昌·光谷未来城
H·CHANGE INFINITE LAND

业主单位 / 和昌集团

项目地址 / 武汉

建成时间 / 2017

获奖信息 / 2017-2018 CREDAWAR 地产设计大奖年度景观类专业优秀奖

和昌·光谷未来城位于湖北省武汉市江夏区高新二路与教育西路交汇处，东侧紧接湖北省体育中心，南临黄龙山公园，西侧为光谷工业园区，北侧紧邻第二师范学院，周边教育配套完善。这里有古典与现代的碰撞，城市与自然的融合，示范区强化建筑的美感，统一场地的完整性。通过不同的机理和尺度对比，形成新的冲击。

示范区建筑立面采用现代风格，将整体建筑线条及用色做到极致的简洁干净，并与现代的材质相结合，在突出"未来城"这个大背景的情况下，诠释了一种全新现代的思考方式。将现代人对美学的理解表现出来，极简、大气、典雅、现代，反映出现代建筑设计的个性化美学观念和文化品位。

这个项目当时比较震撼我们的是建筑立面，既有现代未来感，又有一些古典宗教感。最早甲方是想把这个建筑的前广场，通过直接的方式来进入，我们觉得这种进入方式不是很好，就提出一个想法，我们认为前场的建筑应该映射在水里，因此一定要把这里封闭掉，这是本项目最核心的一个逻辑。前场也没有做俗气的门头，只设计了一个高耸的门框，这样就会感觉和通道形成呼应。后场设计就比较简洁，营造轻松的氛围。

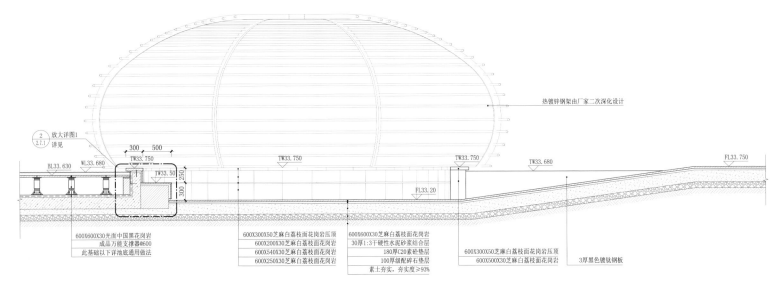

热镀锌钢架由厂家二次深化设计

放大详图1
详见

300　500

BL33.630　　WL33.680
TW33.750　　　　　　　　TW33.750　　　　TW33.750　　　　　　　TW33.680　　　　　　　　　　　　　　FL33.750
TW33.50

FL33.20

600X600X30光面中国黑花岗岩
成品万能支撑器@600
此基础以下详见池底通用做法

600X300X50芝麻白荔枝面花岗岩压顶
600X200X30芝麻白荔枝面花岗岩
600X540X30芝麻白荔枝面花岗岩
600X250X30芝麻白荔枝面花岗岩

600X600X30芝麻白荔枝面花岗岩
30厚1:3干硬性水泥砂浆结合层
180厚C20素砼垫层
100厚级配碎石垫层
素土夯实，夯实度≥93%

600X300X50芝麻白荔枝面花岗岩压顶
600X500X30芝麻白荔枝面花岗岩

3厚黑色镀钛钢板

② B区景观水景剖立面图21.2
SCALE　　　　1:30

（单位：mm）

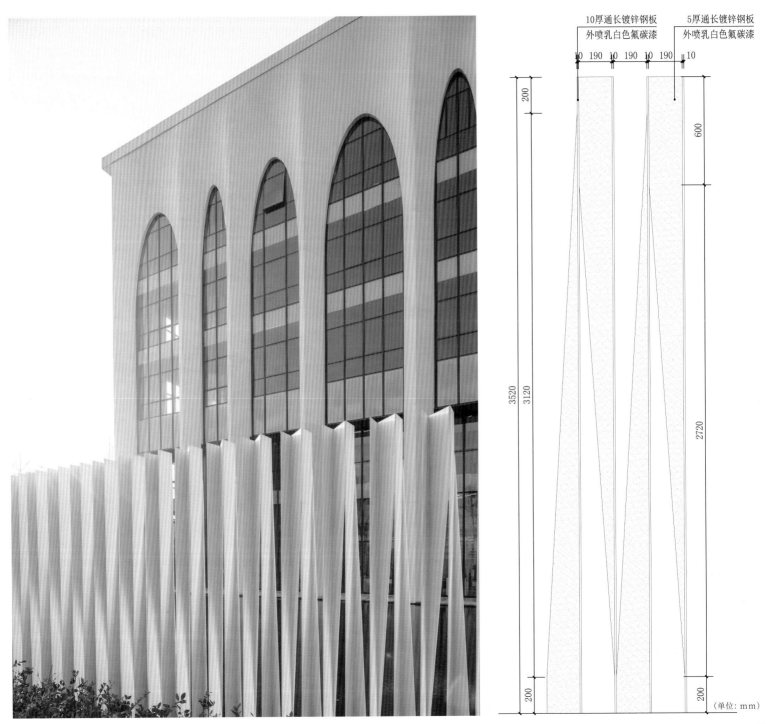

10厚通长镀锌钢板
外喷乳白色氟碳漆

5厚通长镀锌钢板
外喷乳白色氟碳漆

10 190 10 190 10 190 10

200

600

3520 3120

2720

200

200

（单位：mm）

83

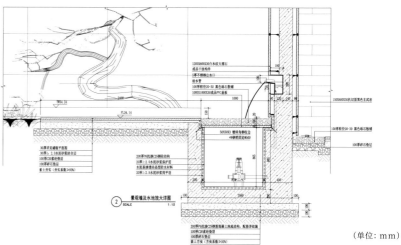

景观墙及水池放大详图
SCALE 1:15

(单位：mm)

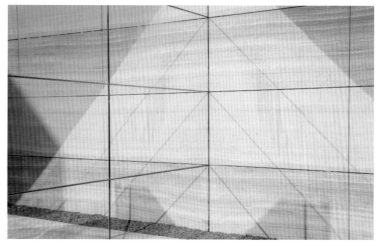

连接展示区口部和售楼处的转折空间，通过墙体组合形成"回"形夹弄空间，行人穿行夹弄，对于接下来的景色充满期待与好奇。

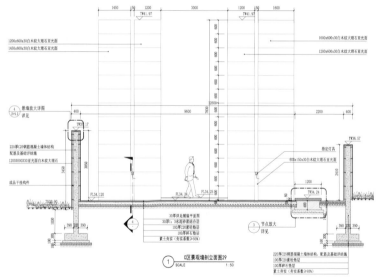

C区景观墙剖立面图29

① SCALE 1:50

（单位：mm）

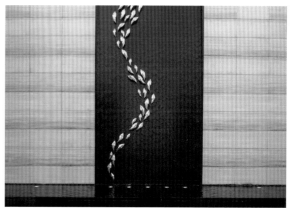

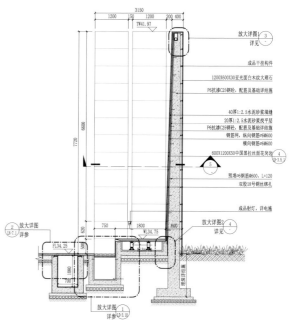

放大详图 ③
详见

成品干挂构件
1200X600X30亚光面白木纹大理石
P6抗渗C25钢砼，配筋及基础详结施

40厚1:2.5水泥砂浆填缝
20厚1:2.5水泥砂浆找平层
P6抗渗C25钢砼，配筋及基础详结施
钢筋网，纵向钢筋ø6@600
横向钢筋ø6@600

600X1200X50中国黑拉丝面花岗岩
预埋ø6钢筋Φ600，L=120
双股18号钢丝绑扎

成品射灯，详电施

放大详图 ②
详参

放大详图 ④
详参

放大详图 ①
详参

（单位：mm）

中心花园将小而琐碎的空间整合，利用回廊划分空间，既没有视线的拥堵，又拥有了丰富的空间。

融创东原·嘉阅滨江
SUNAC DONGYUAN PEALY BAY

业主单位 / 融创集团、东原地产

项目地址 / 重庆

建成时间 / 2019

获奖信息 / 2019-2020 KINPAN 金盘奖重贵区域年度最佳预售楼盘奖

2020 美尚奖生活美学设计类景观设计专项优秀奖

本项目位于重庆沙坪坝区井双片区，重庆独具人文与艺术气质的沙磁文化区、嘉陵江、磁器口古镇、歌乐山、古桥构成了嘉阅滨江天然的土地肌理和历史人文。设计之初勘查场地后，我们发现展示区沿靠城市主干道并且山势地形复杂需要重新梳理，现有河道地势低洼、环境较差，废弃工厂超出红线无法进行设计。我们最终的方案使未来大区与展示区之间地势产生 10 米高差，这样在城市主干道上能清晰的看全整个示范区。

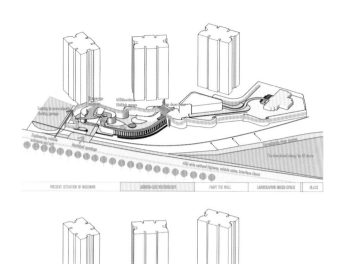

未来大区与展示区之间的 10 米高差，让我们可以利用"带状"形态来思考方案，塑造了"城市指针"的设计方向。入口空间与市政道路接平，进入预接待空间后，水庭院的高差开始上升，直到进入售楼处内部消化 2 层高差，后场空间与未来大区空间接平。大区与展示区之间利用 10 米的高墙曲折蜿蜒。将展示区分为前场预接待、水庭院、售楼空间、后场生活空间四个部分。分段叙述将客户参观的动线与心情，将两者同步在两条平行线上。

在构成方案的过程中最有意思的是能有多种方案的碰撞以及不同空间的构成。我们所做的只是在多版之中选择最合适场地的一版方案，借势造景来满足客群未来生活的场所。

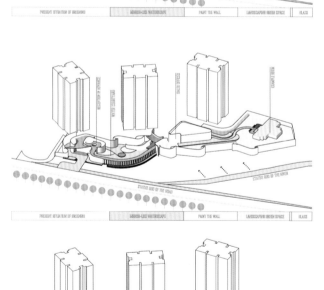

与众不同的尊贵体验，从酒店式入口大门开始。

对部分开发商而言，主入口空间需要奢华气派的第一印象，我们认为应该抛开浮华回归本真，目光所及皆值得匠心以待。简洁的白色仿石涂料以及黑钛金属条互相述说艺术的感受，曲折的墙体将进入的人群自行引导。轻盈的飞檐与镜面水景之上的雕塑互相吸引，呼之欲出。

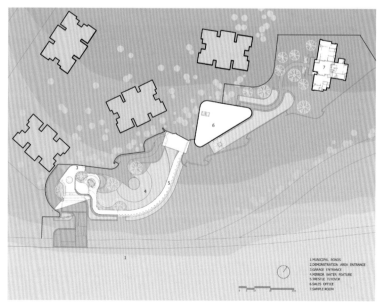

面对工艺时的思路转换、挑战超尺度空间时的设计考量、设计后的再次论证、施工前的预演、施工中的不断调整，才能够塑造出理想的形态。施工过程还需要克服重庆气候的不利因素，时而暴雨时而高温，因为自然的原因增加了施工的难度，延长了时间。最终，我们在现场与工人边做边调整，历经数日才将墙体的曲折蜿蜒呈现出来。

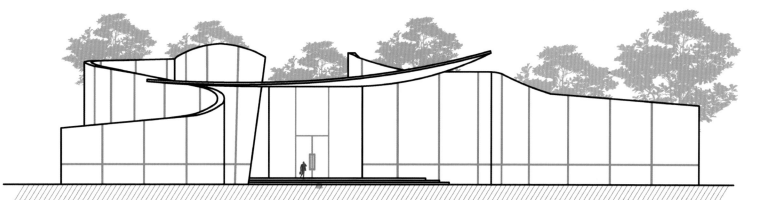

天井是对室内与室外的对话，因面积较小，光线为高墙围堵显得较暗，天井里的那些树，看起来似乎是这方寸天地里的唯一，沿着这棵树望去，又似乎别有洞天。意图将刚刚进入场地的人群从一种气势恢宏的情绪切换到宁静舒适的惬意。

屋檐下超常规的弧形玻璃幕墙因为太重，只能靠工人徒手安装。弧形玻璃通过吊装、内嵌施工相当耗时。为防止超规格的玻璃在运输过程中产生损坏，每块都在场内加工两份，确保施工进度能正常进行。

初期并不具备设计所需的条件，所以我们决定在尊重现状轮廓的基础上为它注入活力。在经过多轮头脑风暴后，景观提出日本建筑师伊东丰雄在墨西哥设计的巴洛克艺术文化博物馆，运用了曲线的白色混凝土墙和水景庭院，夕阳落山时阳光透过玻璃缝隙洒落在地面与水面之间光影交错，模糊了空间的边际性，因地势原因带来的狭长动线不再单调无趣，给人行空间带来风雨无阻的同时兼具互动参与。

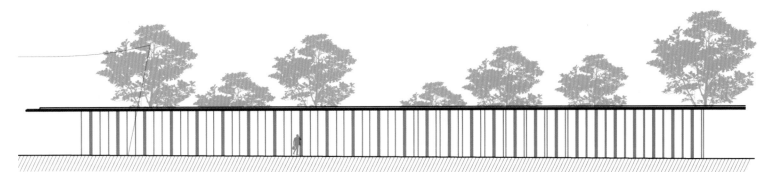

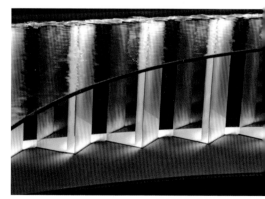

场地三处环山，俯瞰嘉陵江，外围保留了现场丰富的自然植被。外界面的设计需要营造一个独立的城市界面记忆点，并且设计出独特的艺术气息空间。内界面水庭院与长廊的设计使得进入场地时有种宁静感。双向 45°布置幻彩玻璃与磨砂玻璃，阳光透过折射出五彩斑斓的光影洒落在水面与地面。

超长规格的幻彩玻璃带来的问题是加工周期太久、成本昂贵、运输困难等等。最后通过寻找全国各地的厂家打样测试才得以解决。在现场模拟太阳西落时会照射出多种颜色的光线，以及与磨砂玻璃安装时可能产生的交接问题。

这样大面积的幻彩玻璃的设计也是我们首先运用到景观设计之中的。

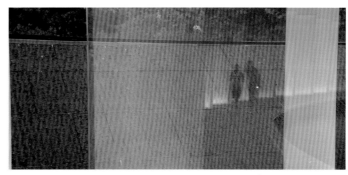

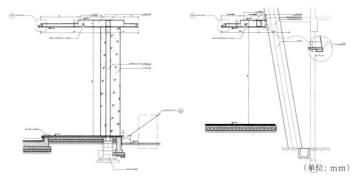

（单位：mm）

龙湖·春江悦茗
LONGFOR CHUNJIANG CITY

业主单位 / 龙湖集团

项目地址 / 南昌

建成时间 / 2019

获奖信息 / 2019-2020 CREDAWAR 地产设计大奖年度景观类专业优秀奖

龙湖·春江悦茗体验区地处南昌新建区，城市更新所带来的日新月异，不仅仅是城市环境所发生变化，人们对于品质住宅的诉求也清晰可见。

这个项目就是在我们中海·欣月湖项目的旁边，这个场地的特殊性在于所有的路都是临时的，中海项目在这个临时路的端头，这条路是中海搭建的，所以我们的设计出发点是在于怎么吸引到客群。初夏，我们第一次来到了项目场地，映入我们眼前的是一条 6 米宽的临时道路，由北向南经过场地，南端为端头路。道路与售楼处建筑之间呈现三角斜坡，北高南低，西高东低，高差均在 3 米左右。考虑到成本控制问题，我们在售楼处建筑与道路之间划定3000 平米左右的设计范围。在基于对场地的认知之后，为了满足品质住宅的诉求，我们与甲方进行了多次的探讨，我们设想将城市生活质感融入宜居生态的元素，在有限的空间中塑造场地识别度，领域感。我们希望塑造连续的展示界面，来界定内外的空间场所，将入口朝向通向场地的主要来向，在内部局促的场地中营造多场景空间体验，如在山涧中穿行，若隐若现；如在水面上漫步，飘逸悠远。

我们希望经过场地的你，第一刻就会被吸引，延展的弧形墙面中掩藏着精致低调的入口，是我们准备的第一个礼物，犹如一块橱窗展示着未来生活的精致与舒适，同时也是通往梦境的开端，开启一段美妙的旅程。为什么会实现最后的这个方案，实际上是从最早的苏州越秀，包括郑州绿城里面的空间节点，一直想做，但一直没有落成的一个空间，在这个项目里面落实了。

这个当时也是想给甲方传递一个想法，如果把传统的示范区门头放在这个界面的话，我们的路是很窄的，加上两侧的绿化，空间只有 6m，因此我们希望做一个居于中部的弧形延展面，让我们在这个北侧和南侧的位置都能关注到这个界面，如果说按照传统的方式来道路是一个很弱的引导，那如果就把它和现场的道路，包括标高和景墙的流线全部结合。

当时还遇到一个问题，就是大草皮很干，我们想把这个土坡做一个特殊的感觉，它没有所谓的后场，样板房也在里面，进入之后建筑这里会有一个开口，来塑造一个所谓的后场。这里不受外面的干扰，还可以一起分享这个水面，走出去的话可能也有不同的体验。我们在设想如果没有顶棚是什么样，有了顶棚又是什么样。

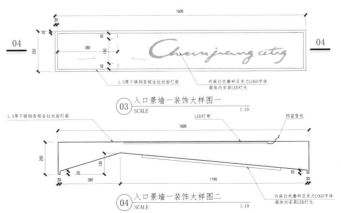

1.5厚不锈钢香槟金拉丝面灯箱　　　　内嵌白色磨砂亚克力LOGO字体
　　　　　　　　　　　　　　　　　　箱体内安装LED灯光

03　入口景墙一装饰大样图一
SCALE　　　　　　　　　　　　　1:10

1.5厚不锈钢香槟金拉丝面灯箱　　　LED灯带　　　　　　　预留管线

04　入口景墙一装饰大样图二
SCALE　　　　　　　　　　　　　1:10

内嵌白色磨砂亚克力LOGO字体
箱体内安装LED灯光

（单位: mm）

101

于重峦叠嶂中穿行掠过，点点星辰相辉。掸尘游步之间，仿佛置身于山境，繁星点点照亮夜空，那夜幕中明亮的光芒，照亮的不只是梦境。步入其中，感受不一样的景致。这里有别于重峦叠嶂给人的沉稳感，更多的是一份内心的涟漪。"每个人的内心深处，都隐藏着一场美梦。"这是我们设计的初衷。

03 +

FL 34.00

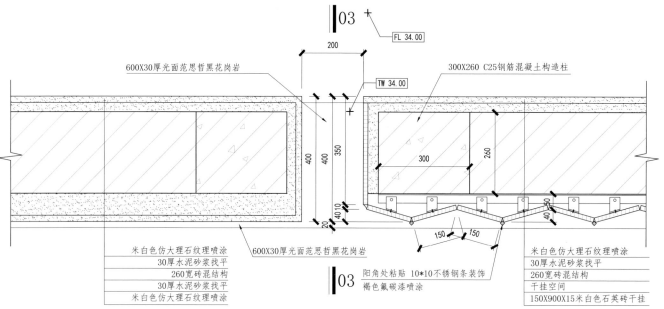

600X30厚光面范思哲黑花岗岩

200

TW 34.00

300X260 C25钢筋混凝土构造柱

400　400　350

300　260

40 10
20

150　150

40 10

米白色仿大理石纹理喷涂
30厚水泥砂浆找平
260宽砖混结构
30厚水泥砂浆找平
米白色仿大理石纹理喷涂

600X30厚光面范思哲黑花岗岩

03 阳角处粘贴 10*10不锈钢条装饰
褐色氟碳漆喷涂

米白色仿大理石纹理喷涂
30厚水泥砂浆找平
260宽砖混结构
干挂空间
150X900X15米白色石英砖干挂

（单位：mm）

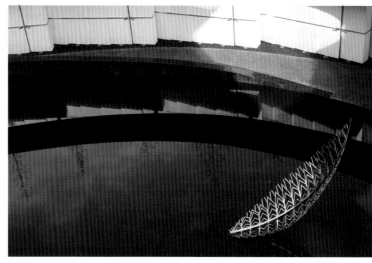

湖心静谧一隅，廊道的身影被层层倒映在水面，步入其中，竟是怡景怡境之地。我们对于未来有着满心的期待，这一路走来的些许小惊喜，就是我们示范区所给予的铺垫。

米白色仿洞石纹理喷涂
30厚水泥砂浆找平
C25钢砼结构
水泥砂浆塑形（过宽处填砖）
20厚砂浆找平
米白色仿洞石纹理喷涂

水泥砂浆塑形（过宽处填砖）
20厚砂浆找平

米白色仿洞石纹理喷涂

LED高亮灯带
米白色亚克力盖板

8号角钢固定
预制金属灯槽

2厚铝板15宽包边，喷涂完后安装
褐色氟碳漆喷涂

（单位：mm）

龙湖·春江天越
LONGFOR MANSION

业主单位 / 龙湖集团
项目地址 / 上海
建成时间 / 2019

春江天越是我们与龙湖在奉贤一次精彩合作。对于艺术品质的追求、自然环境的向往，是我们的设计理念。

在对大师蒙德里安几何学与卢梭梦境的思考与理解下，我们进行设计的迭代，运用构成的艺术手法，在狭小的空间营造自然、舒适的景观场地。自然植物、童趣小景、野兽元素、原始情趣，带来一副率真神秘且梦幻的原野画面，让人充满幻想，梦境在现实中若影若现。这个项目之中我们想表达的是，狭小空间的中的设计不应是一成不变的，水景、景墙、对景雕塑这些传统的事物，这些景观的造景和真正的生活与感受是否一致而且统一。我们的选择是抛弃硬景的手法回归到自然，以一种轻松的手法去营造景观，规避劣势。在场地中运用一些小元素去创造感官上的错觉，例如大型的钓鱼灯，棒棒糖型的植物。本不应该出现在狭小空间的体量的东西，在这个场地中出现了意想不到的效果。梦幻的不真实，却又惶惶然出现在你的眼前。真实的存在或许就是我们想要表达的。

项目样板区被建筑分割成多个零碎、分散的空间，原有场地由此显得更加的逼仄狭小；更为棘手的是 5 层高度的山墙，影响景观人行体验。在艺术的基础下，利用植物、雕塑、景墙、廊架、蜿蜒曲径等元素，运用艺术构成的手法，解构场地，重新塑造丰富饱满有层次的空间。带你走入色彩和谐、精致有趣、层次分明的景观体验。

施工过程

在基础条件较差的情况下（碰壁的视野、笔直的东线、直白的空间），运用曲折的道路将空间渗透，形成流动的视野，让动线变得含蓄。后场通道是卢梭梦境的凝固与提炼。像卢梭的画一样，超尺度的室外家具使得场景具有了梦幻与神奇，使得行人产生梦境一样的缩小感，进而对狭长空间产生变大的误解。

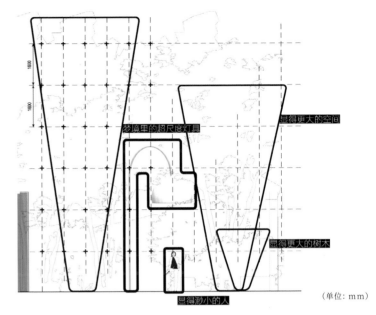

梦境里的超尺度灯具
显得更大的空间
显得更大的树木
显得渺小的人

（单位：mm）

空间是一个难以阐述的概念，或许是一片树荫、一廊瓦檐，也可能是光影变化之下的梦幻世界，如同穿梭的任意门，跨过去便是另一片世界。通过日照分析，我们发现堂会的下沉庭院在大部分时间里处于光照不充分状态。基于此，我们顺势将它打造成卢梭画作《异域风景》中动植物的狂欢嘉年华。

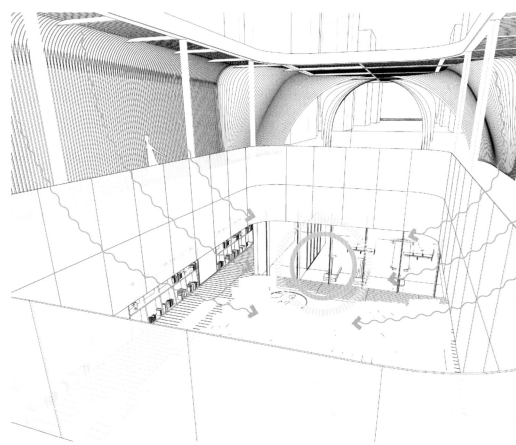

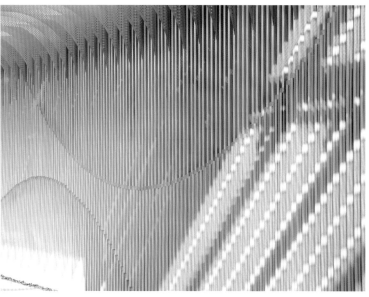

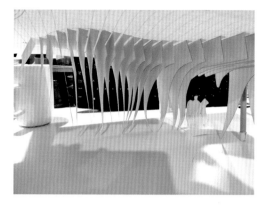
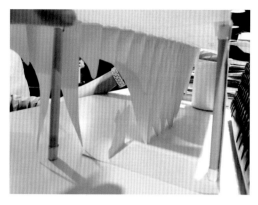

参数化模型推敲与现场施工

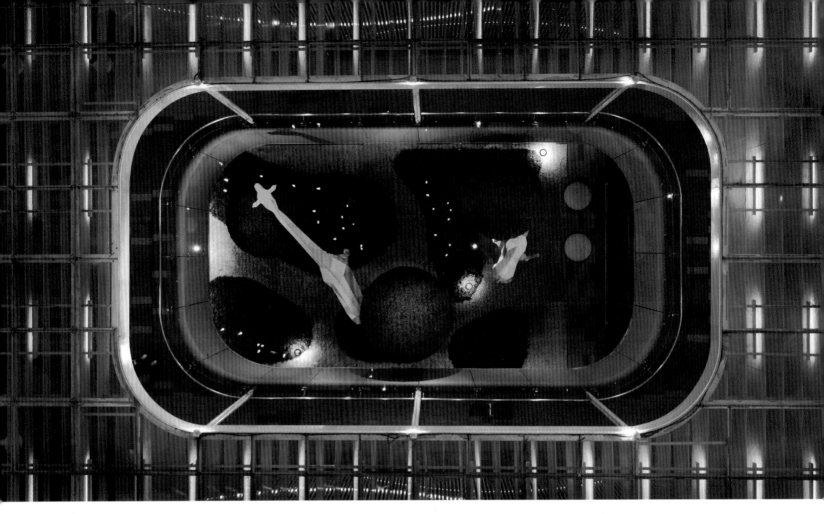

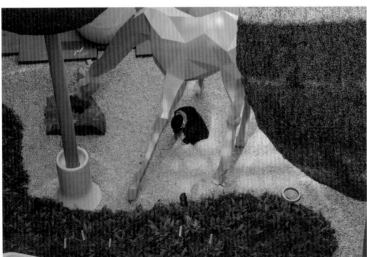

弘阳金辉·时光悦府
RSUN RADIANCE THE ASIA MANSION

业主单位 / 弘阳地产、金辉地产
项目地址 / 南京
建成时间 / 2019
获奖信息 / 2019-2020 CREDAWARD 地产设计大奖年度景观类专业优秀奖

项目位于南京,示范区的最初选址是在机场路尽端的平坦区域。来到现场后,我们看到场地沿着机场路南侧边界有高约 4 米的草坡,是场地外部硬挺的自然界面,也为内部场地提供了天然屏障。而在草坡之上,屹立着四棵松树,与场地东侧及北侧的松林形成稳定的三角关系,遥相呼应。于是,我们决定舍弃原选址,围绕着四棵原生松树建造示范区。

"行至水穷处,坐看云起时"是我们在现场最为强烈的感受,坡、墙、水、松、石等,这些被冠以"设计元素"之名的物体早已化为组织环境的细胞,融进了自然环境。所有的一切,都只让人专注于感受,感受自然,感受设计师期以传递的"松境问居"的空间气质。这是一次穿梭于山林野地,与自然对话的旅行。感谢自然,给予我们无限灵感。

梳理现状草坡替代传统的墙体，成为场地外围界面，期以借松林之景，在松林边界设置入口，甬道则被隐藏在现状草坡后侧，自东向西，自下而上，抵达原生松树。将售楼处室内标高压低，庞大的体量隐匿在坡地之下。斜坡水景作为前景，为售楼处预留出了视线缓冲空间。现状草坡与斜坡水景背部的垂直墙体则作为松径的立面景墙，夹道而生。后场依旧借用原始草坡和高差构建空间，我们在斜面草坡上种满水杉，与远山森林呼应。

斜面草坡背部的垂直景墙立在庭院里，成为映衬植物的画布。"斜坡"与"垂直景墙"的设计语言，从动线伊始的入口贯穿至动线末端的庭院，以不同的表皮、高度渗透整个设计，不断与场地现状呼应。在最初的方案中，设计师将样板房视作精品民宿，希望用"掩体建筑"的手法把样板房"隐藏"在同一顶盖之下，以体现"松居"质感。可惜受造价制约，更改了庭院的设计方案。

我们在场地周围及内部看到了生长已久的油松，面对这些宝贵的"场所记忆"，设计师希望能以谦逊的姿态与之对话，从中获得设计灵感。并将它们纳入对未来生活的规划及预演，在自然中探寻一种舒适而简单的居住可能。

设计师希望能最大限度地保留场地"山林野地"的朴素气质，但又必须兼顾此处做为售楼示范区的功用，向公众展示的品质感。最终，我们在自然中获取解题思路：结合草坡与墙体围合空间，所谓三木成森，三棵象征着原生松林的松树支撑起入口空间；大尺度的台阶交错穿插在草坡中，将入口抬高，形成"拾级而上"的仪式感。粗糙的山石、自由的松姿与硬挺的设计线条，产生粗犷与精致的对比，是自然与人工对谈的印记。

在入口转折后，观者将自东向西，自下而上沿着松径前行。尽端是原生的四棵松树，它们是松径的端景，更是场所记忆和精神象征。踏着松径逐步向上时，形成一种朝拜的仪式感，仿佛是设计师留给体验者对自然生命力的崇敬之路。当你迎着夕阳缓步向上时，请停止思考，只去感受。感受水潺潺向下流去，感受风悄悄掠过树梢，感受树影从短到长。

编号	标高	规格
H	0.00	850*300*20

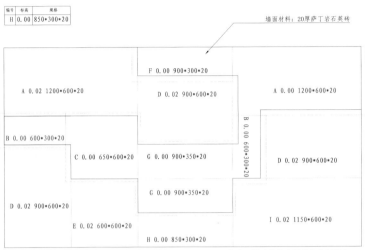

墙面材料：20厚萨丁岩石英砖

F 0.00 900*300*20

A 0.02 1200*600*20

D 0.02 900*600*20

A 0.00 1200*600*20

B 0.00 600*300*20

B 0.00 600*300*20

C 0.00 650*600*20

G 0.00 900*350*20

D 0.02 900*600*20

D 0.02 900*600*20

G 0.00 900*350*20

E 0.02 600*600*20

I 0.02 1150*600*20

H 0.00 850*300*20

备注：墙面数字表示凸出墙面距离
如0.02代表突出墙面2cm

（单位：mm）

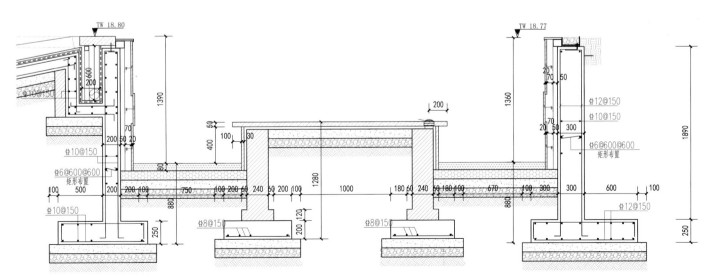

（单位：mm）

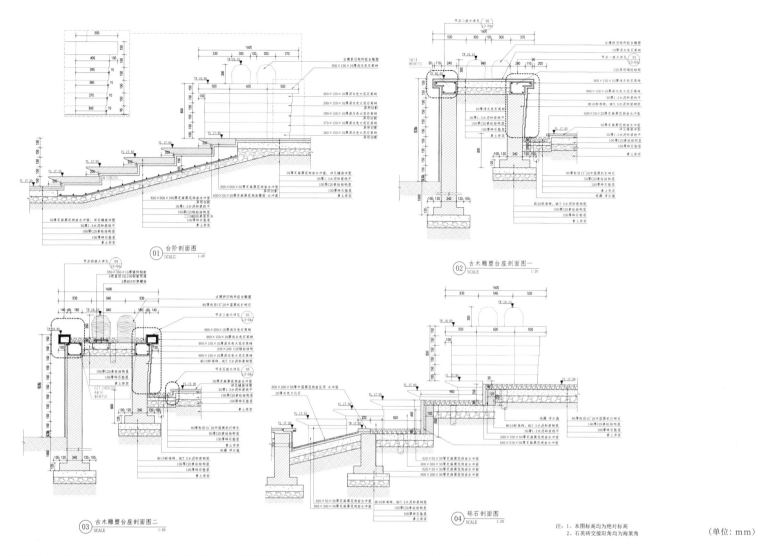

① 台阶剖面图 SCALE 1:20

② 古木雕塑台座剖面图一 SCALE 1:20

③ 古木雕塑台座剖面图二 SCALE 1:20

④ 砾石剖面图 SCALE 1:20

注：1、本图标高均为绝对标高
　　2、石英砖交接阳角均为海棠角

（单位：mm）

在布置售楼处时，我们把主立面面向现状草坡一侧，同时压低室内标高。坡屋面与草坡形成层级进退关系，而在售楼处内部向外看时，尚未修缮完工的机场路、往来的车辆将会被屏蔽在底部，不为观者所见。

生活的预演从林坞开始，"斜坡"的设计语言在此延续，通过围合空间限定视线和道路边置。环绕着草坪行进，体验者可以透过西侧的水杉林，观赏远处起伏的山峦和日落时分瞬息变幻天空色彩。在这里，我们把景观的画笔交给自然，晨光熹微、夕阳斜照，水杉的影子短短长长；山色空濛，烟雨绵绵，草坪间水汽氤氲……无论什么景象，皆由自然去发挥。设计师只是把这样的空间梳理出来，让人置身其中，去体验，去感受。希望在未来的生活里，体验者也能有这样的环境与心境，静心感受自然。场地空间有限，我们希望在这里传达未来大区的种植理念——学习自然森林的植物空间，减少人工中层植物的堆砌，高大的乔木与低矮的地被将成为主角。

龙湖首开·湖西星辰
LONGFOR SHOUKAI CITY OF STARS

业主单位 / 龙湖集团、首开地产
项目地址 / 苏州
建成时间 / 2019
获奖信息 / 2019 KINPAN 金盘奖江苏区域年度 / 总评选年度最佳预售楼盘奖

项目最初，位置、造价和周界可协调的条件都不确定，确定的是由我们进行设计，售楼处是标准化单体。这是本项目推动的重要因素，如同三角函数中两个条件明确，因此工作的开展逻辑非常严密。

体验区方案定稿耗时三个月，但是这中间，我们丝毫没感觉轻松，在每周的草图交流中，我们努力推介自然理念。当方案定稿后，进程过半时，项目用地的条件改变，又让我们耗费了一个半月的时间来讨论进行设计深化。

绿意盎然的设计用在任何体验区都会让人感到舒适，最后能历久弥新的必然是植物和纯朴自然材料。这其实和产品定位无关，而是看我们如何运用。每次的项目反思都会推进设计的优化，我们也一直在尝试设计能否更进一步的接近自然。设计需要在大自然的探索中追寻更多的发现，可以借鉴自然林带单一品种的美，可以发现落叶乔木下地被植物的丰富种群，可以在山林中反思真正的自然植被环境与现在流行的多重绿化的关系，可以在浅滩退潮后的肌理中寻找新的灵感，可以在群山溪谷中学到正确的浅溪营建方法，可以向自然借鉴，向自然学习。景观设计本就该是修复自然与人的生存之间的关系，与自然和谐共存才是真正的"未来感"。

我们追寻住所环境的美，有时会偏移了方向，营造即时场景的奢华，标新立异的造型，无所不在的镜池建筑倒影，冷淡高贵的纪念性场景，供无人机角度欣赏的图案设计场所，去快速呈现产品的价值，制造舆论热点。在破败的周界迅速制造具有张力的场景，这是行业的使命。只是我们面对使命的时候，时刻提醒自己：探索景观的价值就是接近真实的自然。

项目用地条件的变化，也有幸运之处，我们可以把停车场建在场地最南侧，使它拥有更大的空间，树木能好好的包裹它。当我们下车时，会感受炎热酷夏中榉树林带给予的阴凉。同时，下车后的动线，也增加了缓冲腹地水杉林营造的自然环境，穿越水杉林的同时，弧形钢桥也很自然的用曲线形态融入了杉林。

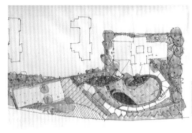
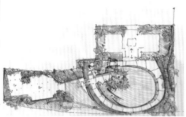
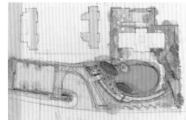
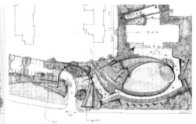

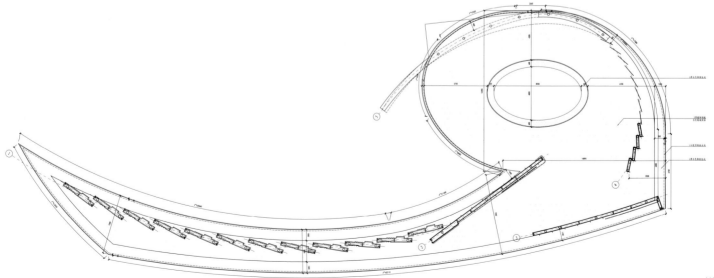

（单位：mm）

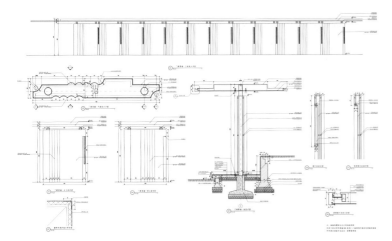

（单位：mm）

未进入建筑体之前的入口空间通常称为预接待空间，由于需要考虑南侧停车场与西侧城市人行双动线，我们用了交叉的墙体布置将动线交汇于较大的屋檐下。此处设计营造两个主要画面，一是自然静怡的水溪与植物造景中暗藏的售楼处入口画面，利用压低屋檐控制景框高度方法结合造园植物将庞大的建筑融入园林景色中。二是折返至停车场的杉林场景，我们希望客人能坐在特制的石椅上，感受杉林自然。

进入售楼处前的动线我们用了两种不同的道路形式，这包含甲乙双方的智慧，可以让体验者感受到不同的变化。单一弧长的道路西侧是碎石岛屿中生长的乌桕，这点设计保证了落地效果的安全，但我们更关心树木与廊架的关系，乌桕有力的自然生长状态，与简洁涂料墙体形成对比，树木弱化了构筑物冷漠的表情。弧长道路的东侧借助高差完成了双曲线的浅滩溪流景观肌理，为了增加溪流的夜景主题，我们在合适的补水位置增加了涌泉，呈现写意效果。第二条道路形态完全是散落的无形板材，解决了180°的动线转换，与水膜之间形成一种漂浮。

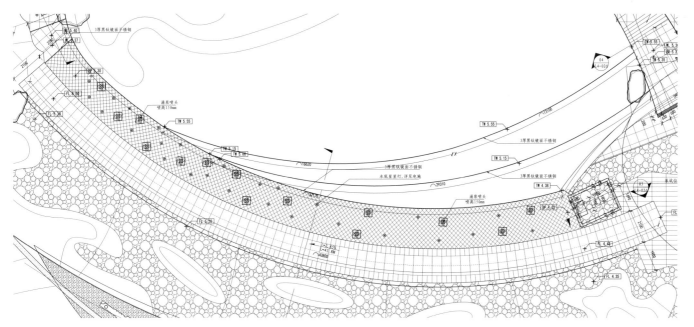

（单位：mm）

样板房位于建筑二楼，后场比较简单，所有的景观动线都归于售楼处入口。我们认为室内落地玻璃幕墙面朝向外围的景色是最重要的，看似曲绕的动线，目的是让售楼处能面向丰富重叠的景观，高差设计也巧妙的将单一弧长道路隐藏于视线之下，从售楼处远望来去的人流，宛如在草坪中行走。水面的形态我们与甲方反复商讨，从最初几何感强硬的弧形，到最后自然柔和曲线，这点甲方的判断是正确的。我们差点忘记了开篇的初衷，比起形式表现，更应该体现自然交融的环境。水体在地形的高差下有了高差叠瀑，也在自然平面变化形态中将绿化岛屿交织重叠。

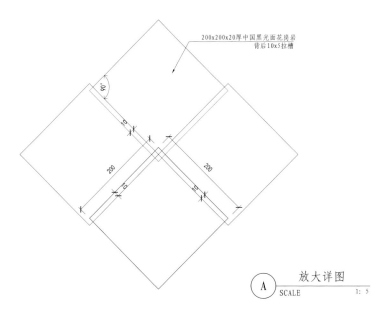

200x200x20厚中国黑光面花岗岩
背后10x5拉槽

90°

200   200

$\begin{matrix} A \end{matrix}$ 放大详图
SCALE   1: 5

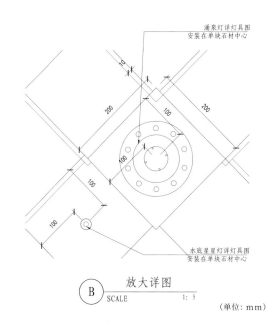

涌泉灯详具图
安装在单块石材中心

200   100   200

100

100

水底星星灯详具图
安装在单块石材中心

$\begin{matrix} B \end{matrix}$ 放大详图
SCALE   1: 5

（单位：mm）

中南·紫云集
ZIONA AUSPICOUS OMEN

业主单位 / 中南置地
项目地址 / 南宁
建成时间 / 2019
获奖信息 / 2019 KINPAN 金盘奖广西海南赛区年度最佳预售楼盘奖

南宁为亚热带季风气候，有着得天独厚的自然条件，满城皆绿，四季常青。清冽恒温的灵水、神秘的花山壁画、宁静的杨美古镇、妮妮动听的壮族山歌构成了南宁古朴的山水人情画卷。在这样优越的自然与人文交织相融的环境中，推倒重建是对场地的不尊重，景观设计师能做的也是有限的。我们所谓的"尊重"也并非任由其自然发展、蔓延，而是在现有的基础之上将景观进行升华，将它与我们未来生活息息相关的方方面面放大并表现出来。既是浑然天成的亚热带生活环境又是我们精神生活的现实写照，既是森林，又是精神文化的延续，因此我们确定了项目的定位及概念方向——文化森林，只属于紫云集的文化森林。

当时最早的一轮，我们也对建筑提出了很多想法，想做一个超创新，但当时大家最关注的点是把后场空间的开放式车库用起来，因为那里是未来社区的主入口。逐渐推演后，我们设想展示区即连接前面的公园、未来的社区，又有商业的街区感和社区的生活感。当时的建筑已经偏中规中矩，但方案可以在整个流线上体现一些理解，整个后场空间延伸到内部，包括它二层整个的飘板，全是有穿插的。

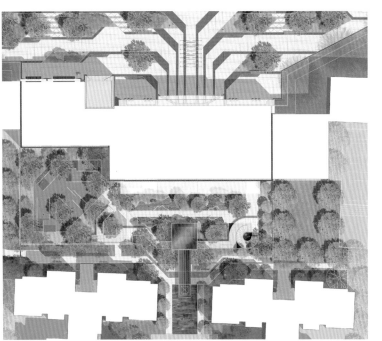

当我们拿到项目的时候，对它有很高的期望，觉得这将是一个很不错的作品。最早和甲方探讨时，他们的设想也是蛮有想法的，想做一个超创新的设计。第一轮大家都挺有想法，耗了一个月，就到第二轮。第二轮早期的时候，由于时间很急，并且当时大家的关注点还是后场的开放式车库，这是未来社区的主入口。到后面开始了正式的设计，想展示区即连接未来前面的公园和社区，同时又有商业的街区感和社区的生活感，打造这样一个衔接关系。但当时的建筑已经偏向于中规中矩化，不像第一轮时，模仿曼谷比较有名的商业，因为整个地库也是抬高做起来的，高差比较大。

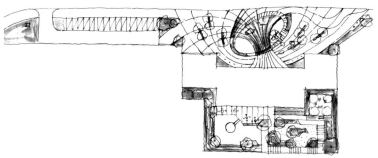

文化森林，是精神世界与现实世界的结合，是生活的本质，是人们对美好生活的期许。大众对文化、艺术的不断探索，如同树木不停的生长繁衍，最终生长为一片茂盛且多样的森林。这是一个融入自然的生活环境，它将空气、树木、水、土等都融入设计，使人们感受自然的浑然一体，用心去倾听。

森林街区是进入体验区的第一个场景，兼具城市人行横道的作用，我们将森林的概念植入，种植高大的乔木，打破过大的硬质面，既有宽敞的活动空间，又有满眼的翠意盎然。抛开忧愁与羁绊走到街上，坐在树下，感受时间、季节、文化、艺术给这片土地带来的改变，生活如同书籍，不同的时间，不同的心境总能读出不同的感触。体验馆前的跃动水景是自然与艺术的完美结合，跃动的水流跟随音乐的旋律翩翩而动，原本固定在地面的景观活了起来。孩子们欢喜地在舞池中穿梭，大人们停下脚步驻足观看，原本单调而空旷的广场变得奇幻而有趣，景与人的互动才是最完美的空间营造。

云间栈桥的设计初衷是解决未来大区与展示区之间巨大的高差，空间推敲时发现空间带给我们的感受就如同书本一般，站在栈桥之上我们看到的是漂浮的云朵与广阔澄澈的天空，感受的是读书解惑时的开朗与豁达，栈桥之下我们看到的是绿意盎然的私密花园，感受的是书中细腻文字带来的温柔与舒适。听虫鸣鸟叫，待繁花盛开，环境与建筑结合，文化与生活融合，我们身处其中，静谧而愉悦。

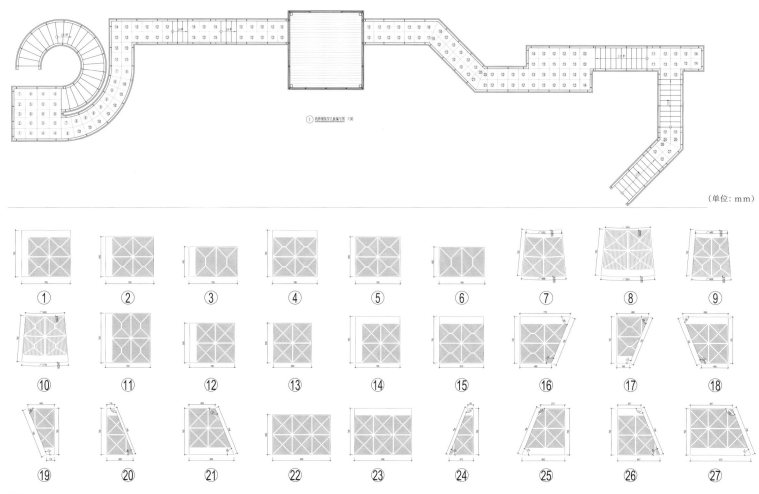

① 栈桥铺装穿孔板编号图 1:30

（单位：mm）

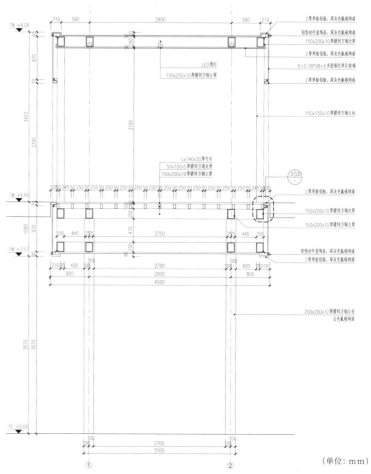

（单位：mm）

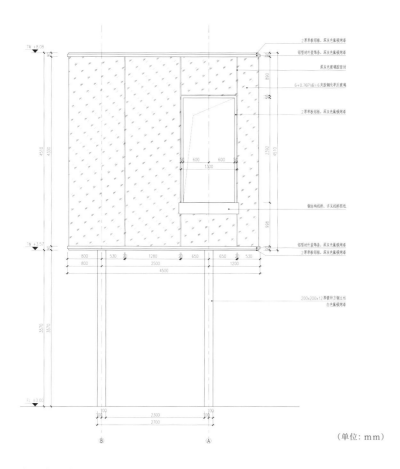

（单位：mm）

鸟屋书吧的灵感来源于诚品书店，我们想要营造一个云间书吧，空间虽小，阅读、静坐、独处的功能却都囊括其中。放慢脚步，翻开陈列在屋内被遗忘的旧书，领略书中的奥妙世界，简单的文字，蕴含着不凡的生活哲理，古朴的旧书，展现着过人的智慧。我们选用镜面材质来打造书吧，为的是让书吧与周边环境更加完美的融合在一起。镜面反射周围的景色，让书吧隐藏于树林之中，只有走进之后才能发现其中的奥秘，增添了游览的趣味感。

林下自由组合的活动桌椅，由树枝型的构架支撑的剧场，简洁而趣味的活动器械，看起来平凡无奇，却是一个让我们可以寻回童心的空间。拥有一颗童心对于我们来说是何等的珍贵，这里如同童话故事般充斥着欢声笑语，如同艳阳般散发着活力，这里是每个人不想长大的借口，这里是大自然对我们的眷顾。在这里，可以肆无忌惮的奔跑在自然中，大声的欢笑。

中南水利·中山府
ZIONA SHUILI CLASSIC MANSION

业主单位 / 中南置地、水利地产
项目地址 / 徐州
建成时间 / 2019
获奖信息 / 2019 KINPAN 金盘奖江苏赛区年度最佳预售楼盘奖
2020 美尚奖生活美学设计类景观设计专项优秀奖

性本丘山，谦隐于世，每个人心中都有属于自己的一片森林，在这里，我们希望栖息于自然，与之欣然相遇。谦逊之态，回归初心，把生活谱成一首诗。栖居之地，寻梦森林。在属于自己角落，有诗意的巡行。在设计之初，我们有"半山半水半园"的设计构思，就像诗中所描写的，我们希望通过现有的景观优势，将项目打造成隐居世外山水间的住所，在山清水秀风景宜人的环境下，过得悠闲自得。在设计手法上面，我们也通过半圆的手法与主题相契，透过圆拱，探寻未来生活的真谛。

整个项目用地面积 5000 平方米，我们通过规划动线，划分并丰富空间，针对不同空间的特点进行多重场景打造，丰富了场景体验，真正的做到小中见大。对于造价带来的限制，我们并不想牺牲场景体验，所以对材料的选择成为重中之重。

我们运用了大量的创新型材料（涂料、长城板、围缀、碎石、木头等），一方面解决了造价的问题，另一方面这些柔软质朴的材质运用，使得整个项目变得更加有温度。场景式的参观动线，让客户能够真实的感受到未来生活所见，在体验的同时，期许着未来生活。接下来，就让我们跟随参观动线，一起来探寻下山居隐士的生活意境。

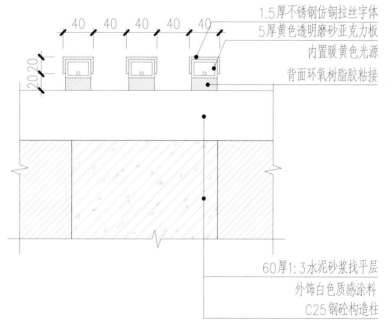

1.5厚不锈钢仿铜拉丝字体

5厚黄色透明磨砂亚克力板

内置暖黄色光源

背面环氧树脂胶粘接

60厚1:3水泥砂浆找平层

外饰白色质感涂料

C25钢砼构造柱

（单位：mm）

我们总希望时间定格在美好的瞬间，可以静心体会。时光静庭，一个具有原真生活状态的庭院空间，承载着人们重返诗意栖居的美好愿景，带人们重拾记忆中明月映于庭院松枝间的景象。三颗老乌桕树下的小院成为这个城市中的"彼处"，它以一种异化的方式让人们忘却现实生活中的纷扰，找回更加贴近自然的生活状态。

这个项目造价不高，所以有些部分采用了涂料，包括门头木材的选用，比较偏向于朴素感，再加上工期时间紧，现场很多内容没有根据设计去做。这个区域当时设计的是鹅卵石浸在水中，但现场最后没有蓄水的功能。有些需要蓄水的地方没有完全按照施工图去做，导致设计没有完整呈现。

光影盒子作为前场森林与后场庭院隐形边界的空间处理，数十条暖色的面纱围缎从顶部延伸下来，半透明的聚合物和流动的结构代表着一种艺术的形式。作为探索模糊边界如何改变对空间感知的尝试，"流动的构架"似乎是由风和水流等自然元素塑造而成的自然形态，歇息于此时，看到蓝天白云随着光线的流动变得波光粼粼，非常生动。映着前场绿意盎然的草坪，这个长10米、宽2米、高3.6米的黄色围缎装置显得醒目、跳跃，空间随着阳光的投射和风的流动不断变化，成为人们停留交谈的场所。

融创·文旅城彩虹云谷
SUNAC WENLVCHENG CAIHONGYUNGU

业主单位 / 融创中国
项目地址 / 重庆
建成时间 / 2019

每个孩子心中都有一个梦世界: 是漫天漂浮的云朵, 是雨后若隐若现的彩虹, 是草地上捕蝶的身影, 是一起嬉戏玩耍的伙伴……云朵乐园将时间停留在梦世界。

云雾缭绕的山城重庆处于川东盆地的边缘, 四面群山环抱, 由于地势的特殊性, 常常让你分不清身处地面或是半空。不是每一个地方都能拥有这种感受, 我们需要什么样的景观, 可以既符合场地特色, 又满足现代孩童玩乐的需求? 我们期望打造一个具有自然生态、现代科技、时尚前卫、互动参与、趣味探险的儿童乐园。在这里, 孩子们在玩耍中成长, 在互动中思考, 在现代科技中感受自然的魅力。

我们根据场地的特性，以及主题元素的提取，搭建了一个景观空间的构想。景观整体风貌适合与自然生态和科技互动、趣味探险接轨，略带场地特色符号的表达呈现独特个性。幽静的漫步道上，设计了许多万花筒。这些特色万花筒透过墙上的彩色玻璃，可以看到外面七彩变换的世界。

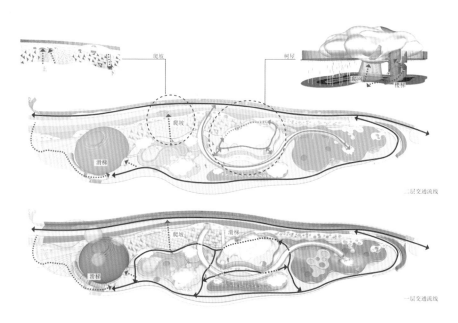

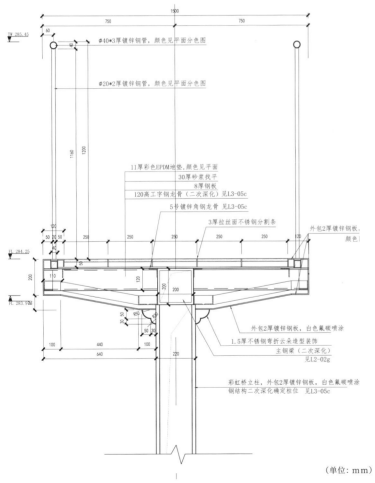

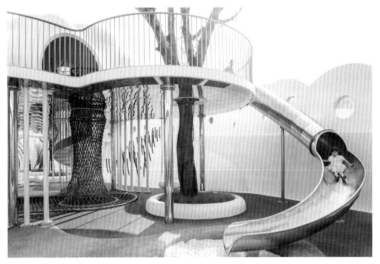

φ40*3厚镀锌钢管, 颜色见平面分色图

φ20*2厚镀锌钢管, 颜色见平面分色图

11厚彩色EPDM地垫, 颜色见平面
30厚砂浆找平
8厚钢板
120高工字钢龙骨 (二次深化) 见L3-05c
5号镀锌角钢龙骨 见L3-05c
3厚拉丝面不锈钢分割条
外包2厚镀锌钢板, 颜色

外包2厚镀锌钢板, 白色氟碳喷涂
1.5厚不锈钢弯折云朵造型装饰
主钢梁 (二次深化) 见L2-02g

彩虹桥立柱, 外包2厚镀锌钢板, 白色氟碳喷涂
钢结构二次深化确定柱位 见L3-05c

(单位: mm)

考虑到贯穿云朵主题, 结合攀爬树屋, 我们打造了具有场地特色的云朵树屋, 大人与孩子们可以通过楼梯及攀爬网, 到达二层树屋, 增加场地趣味性及探险性。彩虹秋千利用时尚前沿的科技技术, 前后摆动秋千产生能量, 带动左侧灯柱发光。使景观具有互动参与性、时尚科技感。

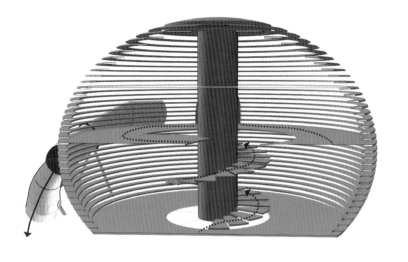

滑梯　　　　　　　　二层平台　　　　　　　　　云朵树屋　　　　楼梯台阶

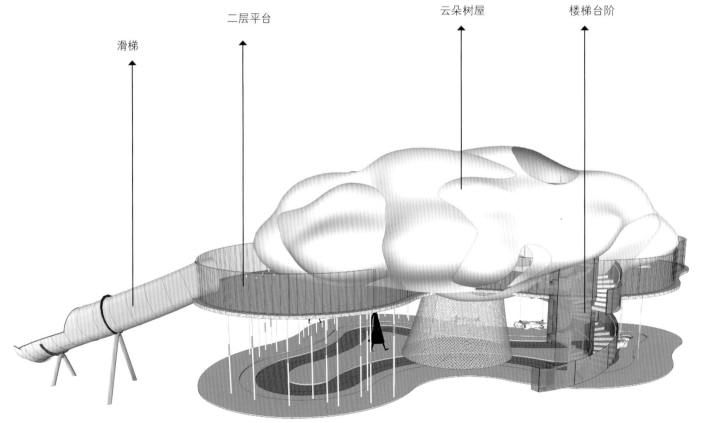

我们在幽静的漫步道上，设计了许多的万花筒。孩子们可以通过这些特色万花筒，透过墙上的彩色玻璃，可以看到外面七彩变换的世界。

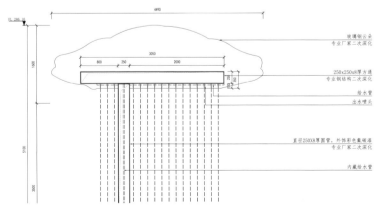

雨水下到地面汇聚成小溪。小孩子踩在汀步上，右侧的圆形水景相应的有涌泉喷出。

玻璃钢云朵
专业厂家二次深化

250x250x8厚方通
专业钢结构二次深化

给水管

出水喷头

直径250X8厚圆管，外饰彩色氟碳漆
专业厂家二次深化

内藏给水管

弘阳·锦凤合鸣
RSUN JINFENGHEMING

业主单位 / 弘阳地产

项目地址 / 常州

建成时间 / 2019

获奖信息 / 2019-2020 KINPAN 金盘奖苏南赛区最佳预售楼盘奖

2019 年 6 月，项目开始进行，6 月中旬，我们进行了第一次现场考察。场地内部是平坦的草地，西侧是凤凰公园，南侧是一个大型的材料市场。一路走来并没有大型的商业配套，虽然没有很繁华，但可以感受到周边的勃勃生机。

场地周边的环境非常优越，保留着一种非常纯粹的自然感。紧邻公园，背靠溪河。自然、树木、河流这是这片土地给人的印象，这些内容我们觉得应该被尊重、展现和表达出来。

如何将现场优越的场地环境在项目中完美体现，与整体周遭融合便是本项目的首要目的。由于样板区即时展示的特殊性，我们选择了墙体围合形成外围标识的做法，主入口立面以白色幕墙为主，在环境中拥有一种异样和谐的美感。内部是水景与植物交织的生态空间，内外是通透的植物链接。

作为给人们第一印象的空间，入口处设计打破常规的设计手法，冲孔铝板、镀锌钢管、磨砂玻璃、石英砖等材料的有机序列运用，营造出空间的神秘感与序列感，打造"晓幽入静"的空间体验，引人入胜。入口部分障景处理，通过纵深感极强的竹阵及狭长的石英砖过廊将视线收缩引导往内庭，随至绿荫处豁然开朗，形成休憩的小空间，最后达到景观的高潮部分，开阔的水景映入眼帘。整个空间具有多空间、多视点和连续性变化的特点。开敞的内庭升华宾客心里的变化，大面积静水景和曲折的过汀，以水之阴柔，与其和谐相生，澄净宾客心灵。

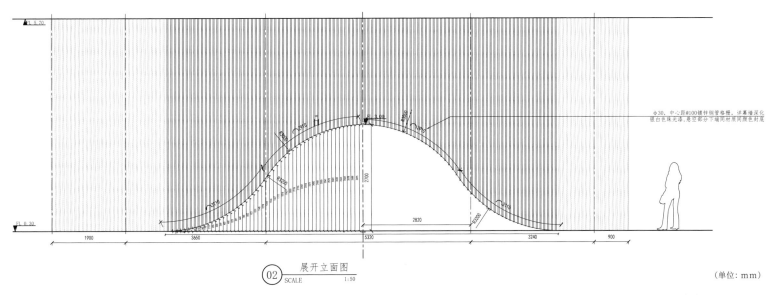

φ30，中心距@100镀锌钢管格栅，详幕墙深化
银白色珠光漆,悬空部分下墙同材质同颜色封底

1900	3650	5320	3240	900

(02) 展开立面图
SCALE   1:50

（单位：mm）

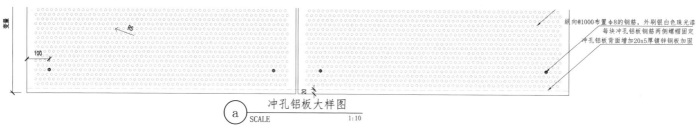

纵向@1000布置φ8的钢筋，外刷银白色珠光漆
每块冲孔铝板钢筋两侧螺帽固定
冲孔铝板背面增加20x5厚镀锌钢板加固

$$a$$ 冲孔铝板大样图
SCALE　　　　　　　　　　1:10

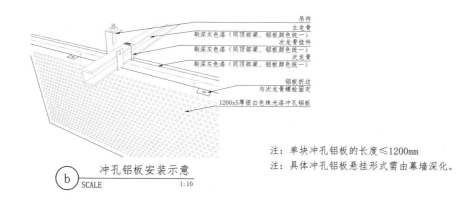

吊件
主龙骨
刷深灰色漆（同顶部梁、铝板颜色统一）
次龙骨挂件
刷深灰色漆（同顶部梁、铝板颜色统一）
次龙骨
刷深灰色漆（同顶部梁、铝板颜色统一）
铝板折边
与次龙骨螺栓固定
1200x5厚银白色珠光漆冲孔铝板

$$b$$ 冲孔铝板安装示意
SCALE　　　　　　　　　　1:10

注：单块冲孔铝板的长度≤1200mm
注：具体冲孔铝板悬挂形式需由幕墙深化。

（单位：mm）

石筑光影流转，清溪曲水流觞，株树亭亭，花枝轻软……雅致的前场空间，让自然沉静的美在空间中结成一个微妙的音律。脚步轻挪间，客户们便从城市的喧嚣中脱身，触动生命的远想和心灵的舒惬。

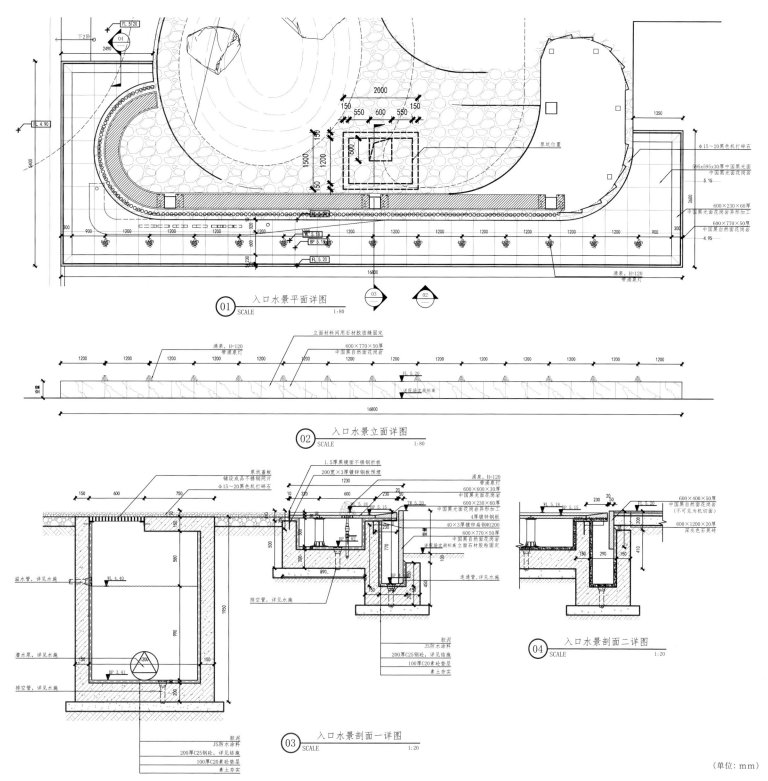

入口水景平面详图 ①
SCALE 1:80

入口水景立面详图 ②
SCALE 1:80

入口水景剖面一详图 ③
SCALE 1:20

入口水景剖面二详图 ④
SCALE 1:20

（单位：mm）

中南·春风南岸
ZOINA LAND CENTRAL LIFE

业主单位 / 中南置地
项目地址 / 西安
建成时间 / 2019
获奖信息 / 2019-2020 CREDAWARD 地产设计大奖年度景观类专业优秀奖

公园是城市生态的稀缺资产，本项目紧邻清凉山公园、西安城市生态公园，东侧为市政规划的皂河公园，绿化资源丰富，正是通过人居与生态的无缝对接，从而衍生出城市自然人居的生活理念，为此我们打造了城市公园的概念，使其与周边自然环境形成的城市生态圈融合。

基于城市森林的设计概念，如何利用有限的 20 米宽市政绿化带来营造森林感，是项目的一个难点。经过多轮的讨论后，我们决定利用市政绿化带南北纵向长度，增加道路折线曲折，利用错位的方式，营造视觉纵深感。为了营造森林野趣感，同时提升市政昭示性，我们不得不摈弃了西安常规树种（如银杏、国槐等），在考虑了水杉、白桦之后，选择了河桦这一成活率较高的品种，且河桦树皮的斑驳带来野趣与自然感受。

从大门处的水景，到中场连廊转折处出现的跌水，利用水景距离以及跌水高度、形式，来形成听水的趣味节奏。外场作为整个示范区的序曲，我们希望让人们感知到与众不同的场地气质，沿着一条生动曲折的林间木栈道，穿梭于丛林，触摸着树木纹理的粗糙质感，开启一场丛林探秘之旅。隐于山水之间，是城市居民所向往的，当我们穿过外场森林之后，低调的大门如同一个转换空间将人引入内场。

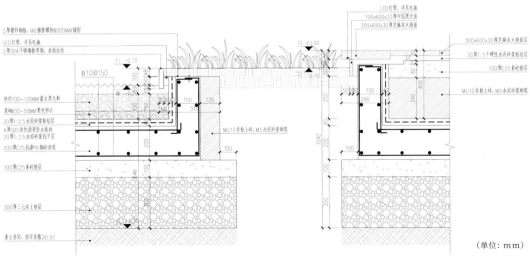

2厚镀锌钢板, M6膨胀螺栓@300MM锚固
LED灯带, 详见电施
2厚304不锈钢板弯制, 表面拉丝

块径100~120MM蒙古黑毛料
浆砌30~50MM黑色卵石
20厚1:2.5水泥砂浆粘结层
4厚SBS改性沥青防水卷材
20厚1:2.5水泥砂浆找平层
200厚C25抗渗P6砼砂浆砌筑

100厚C25素砼垫层

300厚三七灰土垫层

素土夯实, 密实系数≥0.93

MU10非粘土砖, M5水泥砂浆砌筑

LED灯带, 详见电施
100x600x20厚中国黑光面
300x600x30厚芝麻灰火烧面

300x600x30厚芝麻灰火烧面层
30厚1:3干硬性水泥浆粘结层
100厚C25素砼垫层

MU10非粘土砖, M5水泥砂浆砌筑

（单位：mm）

为了使用户更好的参与景观，我们选用了竹木作为连廊吊顶以及墙面的材质，与剁斧拉丝面石材形成一个冷暖的肌理对比。

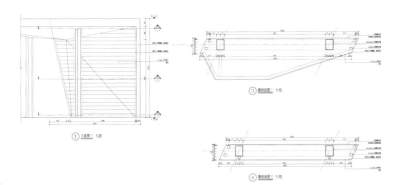

② 横剖面图一 1:10

① 立面图三 1:20

③ 横剖面图二 1:10

④ 横剖面图三 1:10

（单位：mm）

越秀·江南悦府
YUEXIU GROUP YUEFU MANSION

业主单位 /　越秀地产
项目地址 /　苏州
建成时间 /　2018

本项目位于苏州市高新区。苏州独具人文与艺术气质的江南园林、缂丝技艺、高新产业园构成了江南悦府天然的土地肌理和历史人文。设计之初勘查场地后我们发现展示区沿靠城市主干道惠昌路，喧嚣程度较高；并且场地紧贴售楼处建筑展开，位于街角农保用地旁，空间较为逼仄，我们需要重新梳理动线关系。综合各种因素，我们希望利用"屏风"的思路进行方案设计。

场地紧贴市政道路，环境喧嚣，城市外部观感不好。同时内部空间较为狭窄，进入售楼处的方式需要思考与梳理。

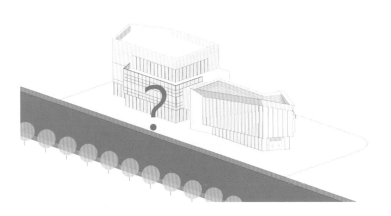

通过观察具有在地特色的江南园林，借鉴古人"漏景"的手法，我们设想出了一道"屏风"，它是属于内部与外部共有的界面，同时我们理解它是会"呼吸"的，是在大面统一的前提下具有变化的。考虑到场地空间"内与外"以及"内与内"性质变化，我们需要不同感觉的"屏风"去界定空间与动线，营造特殊的游园体验。

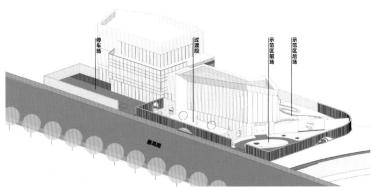

不同界面材质带来的效果也会有所差异，整体趋向于通透与明净。

我们希望"屏风"呈现的是半透的质感，视线、阳光、微风都能不疾不徐地穿过它，同时考虑在大面中寻求一些变化，那它在前后左右都会带来不同的景象。

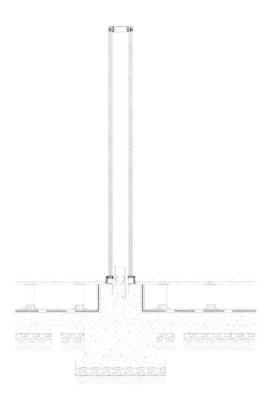

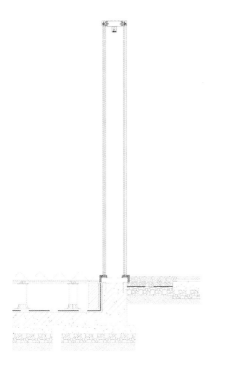

多种思考权衡带来的不仅有效果的优化，还有技术难题需要攻克：为了保证每个观赏面的流动性，我们设想了前后两层不同的叠加方式，将灯光隐藏在双层内部，这样同时还能解决夜晚的泛光问题；为了保证长面排布的整齐性和通体性，我们先将框架搭好，摒弃焊接带来的粗面打磨，采用上下卡扣的固定方式，做到轻便整齐。

施工过程

（单位：mm）

"屏风"在白天和夜晚的景象：与水面产生的关系与各种变化。格栅墙采用每段 2400*3000 的标准段去排布。

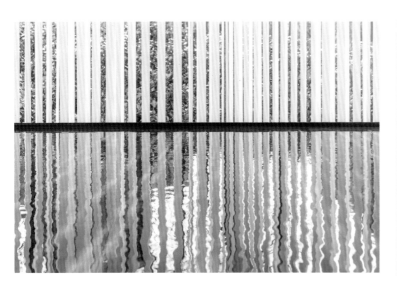
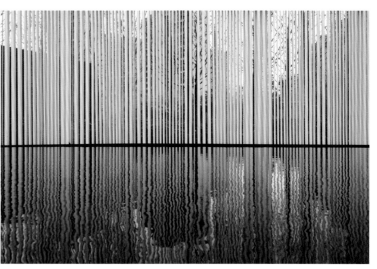

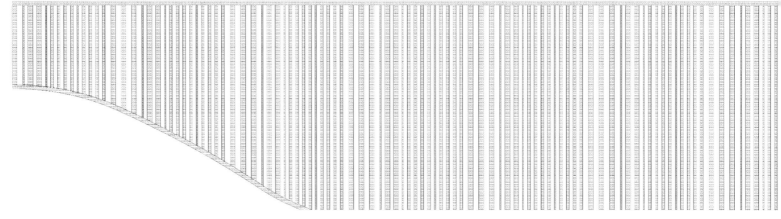

万科·魅力之城
VANKE GLAMORO SCITY

业主单位 / 万科集团

项目地址 / 郑州

建成时间 / 2018

本项目位于郑州航空港区郑港三路与郑港二街交汇处，紧邻城市公园。项目的居住社区与城市公园的关系紧密，两者之间可以互相融入。常规的社区空间设计，流于形式，较为枯燥乏味，只能满足日常功能，缺乏自然感受及交流。我们的居住生活是否可以打破这种常规模式和空间，形成流动的场所？因此，我们将设计关注点更多的集中于社区真实的使用需求之上，用场地空间定格生活中每个动人的瞬间，看到生活在其中的人们发自内心的笑容。"LIVE IN THE PARK"，将公园引入社区，出入皆是公园，回归生活的属性，更有趣味的空间，更亲近于自然，人与人之间有更多的交流互动。

本项目便是以回归居住属性为前提，满足"刚需"客户，开启美好城市生活的"刚需"楼盘，固然受到成本、空间、品质等因素的影响，但不变的是客户追求美好生活场景与生活空间的需求与期盼。不能将"刚需"的字面意思仅仅理解为紧迫性需求，我们为这样的项目创造的景观，同样也是这类客户群体梦想的载体，这样的社区本应是公园化、生活化、生态化和精致化的。家是安身之所，住所是家的物质实体，所有精神的热望、心灵的归属，都是我们对生活美好期望的具象形式。

艺术廊架流畅的线性曲线与林下空间相互呼应，构成了一种独特却又和谐的整体感。夜晚微风拂过，和家人朋友共赏银河星空，亦或在明媚的午后在休闲平台小憩，让幸福的时光片段定格在空间里。

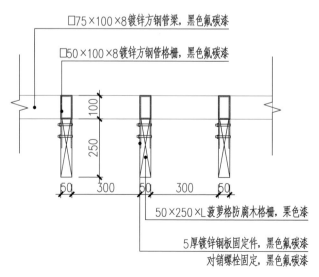

□75×100×8镀锌方钢管梁，黑色氟碳漆

□50×100×8镀锌方钢管格栅，黑色氟碳漆

50×250×L菠萝格防腐木格栅，栗色漆

5厚镀锌钢板固定件，黑色氟碳漆
对销螺栓固定，黑色氟碳漆

（单位：mm）

相比示范区，人区有更多实实在在的功能需求的束缚，设计师就像舞者穿上了一个镣铐，这个时候还能翩翩起舞，才是真正功力的体现。项目场地的边缘性强，受规划的限制因素较大，整体景观空间被消防通道和消防登高面等诸多因素所束缚。对于这样的空间属性，我们选择接纳已然形成的建筑空间布局，接纳无所不在的限制元素，接纳项目本身的场地属性。将人性化的功能与细节的思考融入景观空间，通过线性的景观空间结合艺术与功能的设计，将硬质场地与核心景观空间相融合，创造了更多的林下空间与集中性空间，打破了常规的景观组团式空间结构，将更多的流动属性赋予社区公共景观空间。受规划因素影响，场地硬质面积过大，对于核心区域的景观也产生了一定的影响，设计中运用线性的景观语言打造核心场地，联动全区，创造出全新的景观空间结构，同时将居住区的功能场地与线性空间相融合。

大气典雅的镜面水景，精准的水线设计结合灯光效果，在夜幕降临时，泛起阵阵涟漪，与周围静谧的林间步道形成动静对比，更贴切的感受公园式的社区生活。

开敞的草坪空间开阔了社区的视野尺度，同时与线性的林下空间相呼应，不仅满足了人们日常需求，还增加了有趣的互动交流。运用整形灌木和树阵，打造自然式的纯净空间，树荫婆娑的光影跳跃到地面铺装，映射出的斑驳侧影，为社区提供了多个亲近自然的场所，使林下空间既有自己独特的流动性，又与整体的空间线型保持一致。

LIFE
FEELINGS

生活情怀

中海·九峯里
ZHONGHAI JOFFRE LANE

业主单位 /　中海地产

项目地址 /　上海

建成时间 /　2017

获奖信息 /　2017-2018 CREDAWAR 地产设计大奖年度景观类专业优秀奖

2019 KINPAN 金盘奖上海赛区年度最佳别墅奖

中海·九峯里项目位于上海市松江区，文翔路以南、昆水街以西，项目产品主要为院墅及洋房，整体立面灵感来源于海派石库门，并多以红砖与石灰石为主。项目旨在打造一座时尚轻奢的海派豪宅，百年文化婉转流淌于其中。将经典名人老洋房情境以全新奢华姿态回归上海，献以时代之巨著。入口用近 5 米高屋檐作为城市界面的景观序曲展开，屋檐细节借鉴 20 世纪 30 年代上海酒店与戏台剧院的古典细节，致敬大师经典。主结构立柱隐藏于两面通体砌筑的砖墙之中，精致铜门半掩与景墙相互映衬，繁复的花纹石材作为对这座海纳百川的城市下生活人群的缩影。非对称设计的铜质壁龛源源不断的细水跌至而下，寓意着城市更新人与物之间亘古不变的关联。

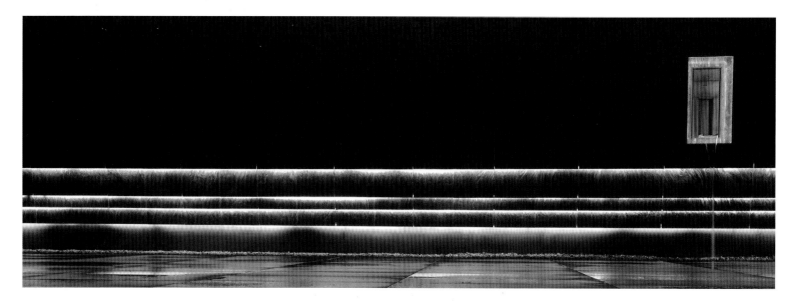

鹊桥相会的美丽故事历来寓意人们对团圆美满的向往，设计借此灵感，以圆形的水景为底，灯光排布为图，描绘出一卷浪漫夜空画面。同时配合跳泉与音乐演绎，人们途经此处，便会被这活泼梦幻的场景吸引驻足，融入整个环境之中。蜿蜒道路的布置寓意着悠然淡定，转折后豁然开朗。水盘中落珠般的珍珠泉、织女星座闪烁的星点、幽远淡雅袅袅的音乐，此处一切精致，都让人真切的感受到奢华不只金银财富，花园亦是精神上的慰籍。时光如水，很多时候还来不及细细品味时光的样子，就遗失了一段华年。

捕捉这一瞬的时光，记录在这小小的院子里，承载着心中的记忆与梦想。在高差与动线的转折中，拾级而上到达台地水院，犹如穿过一座年代悠久的老洋房花园，树荫下拾级而上，斑驳的光影洒在地面，仿佛穿越时间与空间。

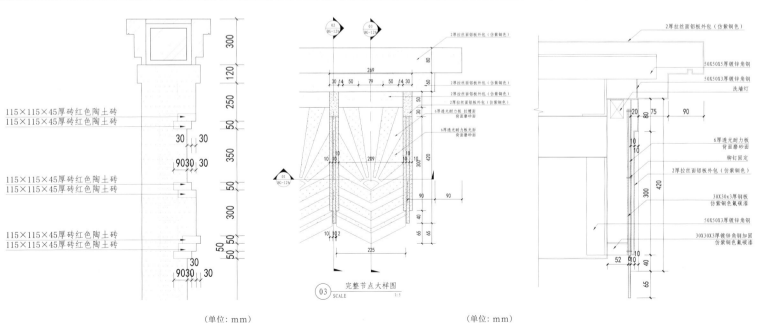

115×115×45厚砖红色陶土砖
115×115×45厚砖红色陶土砖

30　30

9030　30

115×115×45厚砖红色陶土砖
115×115×45厚砖红色陶土砖

115×115×45厚砖红色陶土砖
115×115×45厚砖红色陶土砖

30　30

9030　30

300
120
250
50
350
50
300
50
50

（单位: mm）

2厚拉丝面铝板外包（仿紫铜色）

269

30 14 50　79　50 14 30

2厚拉丝面铝板外包（仿紫铜色）
2厚拉丝面铝板 拉丝槽面
2厚拉丝面铝板外包（仿紫铜色）
6厚透光耐力板
背面磨砂面

6厚透光耐力板光面
背面磨砂面

80
160
50
30
420
300

209

10 10　10 10

90

90

40
66
66

10 10 2

225

03　完整节点大样图
SCALE　　　　1:5

2厚拉丝面铝板外包（仿紫铜色）

50X50X5厚镀锌角钢

50X50X3厚镀锌角钢

洗墙灯

20 80 75

90

6厚透光耐力板
背面磨砂面
铆钉固定

2厚拉丝面铝板外包（仿紫铜色）

30x30x3厚钢板
仿紫铜色氟碳漆

50X50X3厚镀锌角钢

30X30X3厚镀锌角钢加固
仿紫铜色氟碳漆

10
10
10
10
300
420

65

52 10
40

（单位: mm）

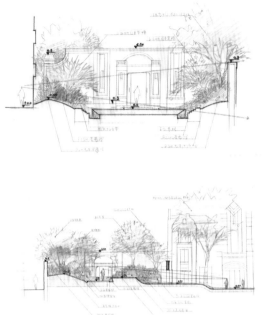

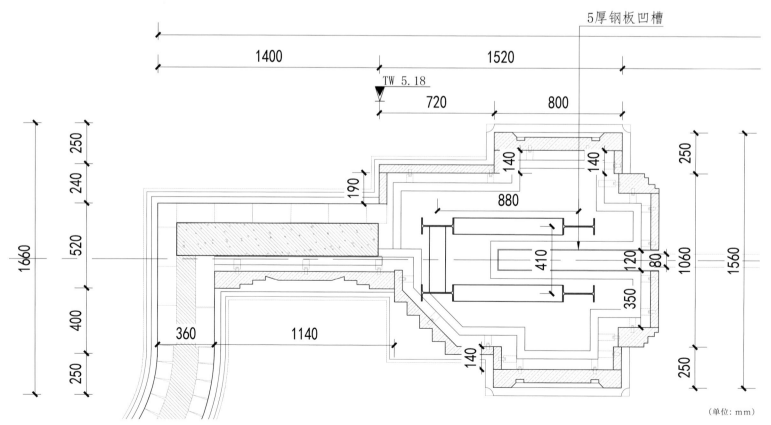

5厚钢板凹槽

1400　　　1520

TW 5.18

720　　　800

250　250

240

190

880

140　140

250

520

410

120　80

1660

1660

1060　1560

360　1140

350

140

400

250

250

（单位：mm）

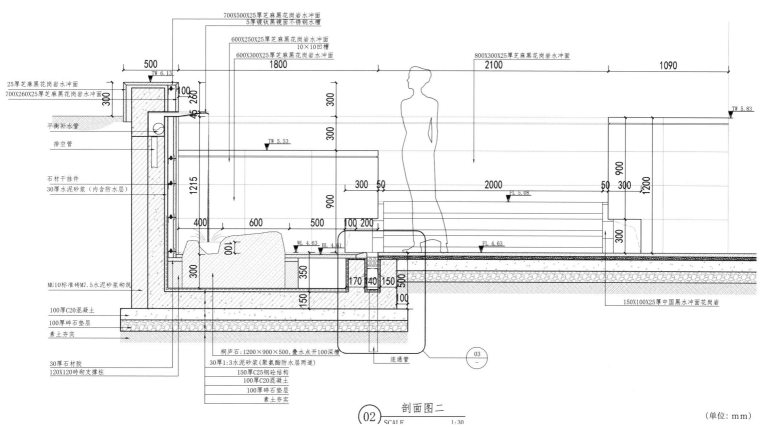

700X500X25厚芝麻黑花岗岩水冲面
5厚镀钛黑镜面不锈钢水槽
600X250X25厚芝麻黑花岗岩水冲面
10×10凹槽
600X300X25厚芝麻黑花岗岩水冲面
800X300X25厚芝麻黑花岗岩水冲面

25厚芝麻黑花岗岩水冲面
700X260X25厚芝麻黑花岗岩水冲面

平衡补水管

排空管

石材干挂件
30厚水泥砂浆(内含防水层)

MU10标准砖M7.5水泥砂浆砌筑

100厚C20混凝土
100厚碎石垫层
素土夯实

30厚石材胶
120X120砖砌支撑柱

桐庐石:1200×900×500,叠水点开100深槽
30厚1:3水泥砂浆(聚氨酯防水层两道)
150厚C25钢砼结构
100厚C20混凝土
100厚碎石垫层
素土夯实

连通管

150X100X25厚中国黑水冲面花岗岩

500 / 1800 / 2100 / 1090

300 / 300 / 300 / 300 / 900 / 1200 / 900
1215 / 900
400 / 600 / 500 / 2000 / 300

TW 6.13
TW 5.53
TW 5.83
FL 5.08
WL 4.63 BL 4.61 FL 4.63

(02) 剖面图二
SCALE 1:30

(单位: mm)

201

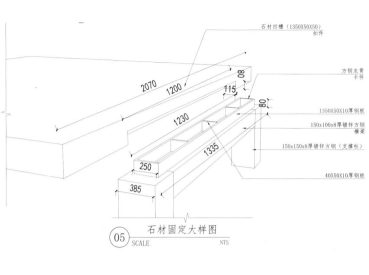

石材凹槽（1350X50X50）
扣件

方钢龙骨
卡件

2070
1200
115
08
1230
80
1335
250
385

1350X50X10厚钢板
150x100x8厚镀锌方钢 横梁
150x150x8厚镀锌方钢（支撑柱）
40X50X10厚钢板

05 石材固定大样图
SCALE　　　　　　　NTS

（单位：mm）

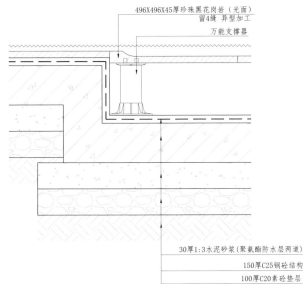

496X496X45厚珍珠黑花岗岩（光面）
留4缝 异型加工
万能支撑器

30厚1:3水泥砂浆(聚氨酯防水层两道)

150厚C25钢砼结构

100厚C20素砼垫层

100厚碎石垫层

素土夯实

（单位：mm）

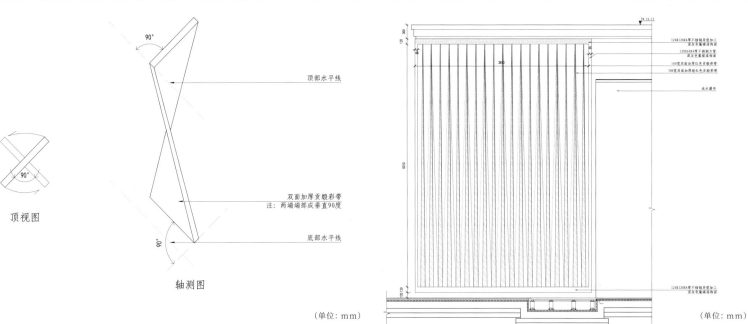

90°

顶部水平线

双面加厚贡缎彩带
注：两端端部成垂直90度

底部水平线

90°

顶视图

轴测图

120X120X4厚不锈钢异型加工
深灰色氟碳喷漆饰面
120X60X4厚不锈钢方管
深灰色氟碳喷漆饰面
100宽双面加厚红色贡缎彩带
100宽双面加厚暗红色贡缎彩带

流水幕布

120X120X4厚不锈钢异型加工
深灰色氟碳喷漆饰面

（单位：mm）

（单位：mm）

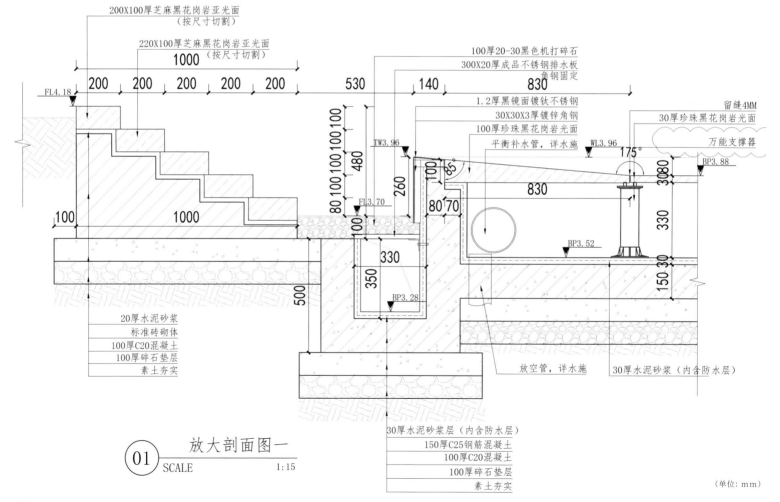

200X100厚芝麻黑花岗岩亚光面
（按尺寸切割）

220X100厚芝麻黑花岗岩亚光面
（按尺寸切割）

1000

100厚20-30黑色机打碎石
300X20厚成品不锈钢排水板
角钢固定

| 200 | 200 | 200 | 200 | 200 | 530 | 140 | 830 |

FL4.18

1.2厚黑镜面镀钛不锈钢
30X30X3厚镀锌角钢
100厚珍珠黑花岗岩光面
平衡补水管，详水施

留缝4MM
30厚珍珠黑花岗岩光面

万能支撑器

TW3.96

WL3.96 175°

BP3.88

80 100 100 100 100
480

260

100

85°

830

3080

100

FL3.70

80 70

330

150 30

100

1000

330

350

500

BP3.52

BP3.28

20厚水泥砂浆
标准砖砌体
100厚C20混凝土
100厚碎石垫层
素土夯实

放空管，详水施

30厚水泥砂浆（内含防水层）

30厚水泥砂浆层（内含防水层）
150厚C25钢筋混凝土
100厚C20混凝土
100厚碎石垫层
素土夯实

① 放大剖面图一
SCALE   1:15

（单位：mm）

施工过程

209

中海·云麓里
ZHONGHAI CLOUDS LANE

业主单位 / 中海地产
项目地址 / 上海
建成时间 / 2018
获奖信息 / 2018-2019 CREDAWAR 地产设计大奖年度景观类专业优秀奖

云麓里项目位于浦东新区航头镇，东临鹤鸣河，西至航鹤路，北至航三路。由洋房、叠墅组成，为新海派人文低密花园住区。它以"老上海风情"为主题，整体延续上海里坊式建筑格局，建筑立面借鉴经典石库门，旨在打造时尚轻奢的海派豪宅。

中海地产洞察上海人骨子里的情愫，努力改变上海人的生活方式。当松江·九峯里以优雅的姿态惊艳亮相，浦东·云麓里作为中海 TOP 系"里"系列的最新之作，以传承海派精神文化为使命，融合当代人居风范，升级海派 2.0，雕琢国际大都会。

设计师采用复刻经典老洋房花园的造园手法，汲取外滩万国建筑之魅力，融合唯美现代装饰的线条花纹，对生活场景及构筑物进行精致的刻画。同时引入"荣宅"百年文化底蕴。

近7米高的门头拉开了城市界面的景观序曲。现代化artdeco花纹加入红砖、大理石等传统材质，简约不失大气，素雅不失风采。完美融合了东方威严感与西方仪式感，彰显尊荣。回眸蹙颦，恍若身在花园洋房的老上海。相比在海派风格初探索的九峯里项目，云麓里在设计手法及设计语言上更内敛、考究。作为九峯里的迭代产品，延续红砖、大理石、马赛克这些元素，细节品质与工艺工法的愈发考究精致，石材运用更多且有新材料探索，折板、镂空肌理变化丰富，将极致优雅体现于每个角落和元素。

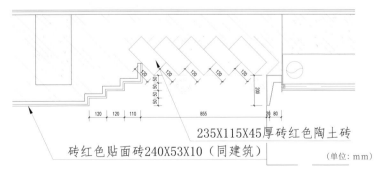

235X115X45厚砖红色陶土砖

砖红色贴面砖240X53X10（同建筑）

（单位：mm）

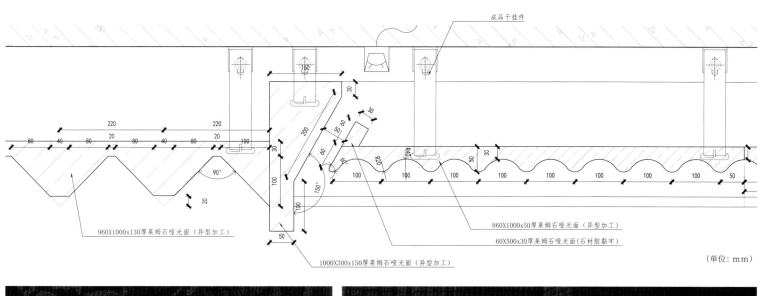

成品干挂件

220　　　　　　220
80　40　80　　20　　80　40　80　20　100

200
30
30
150
50 60 60
30
60
90°
150°
60°
100
100
R40
R20
50
30
100
100
100
100
100
100
100
50
90°
100
50
20
20

960X1000x130厚莱姆石哑光面（异型加工）

1000X300x150厚莱姆石哑光面（异型加工）

860X1000x50厚莱姆石哑光面（异型加工）

60X500x30厚莱姆石哑光面(石材胶黏牢)

（单位：mm）

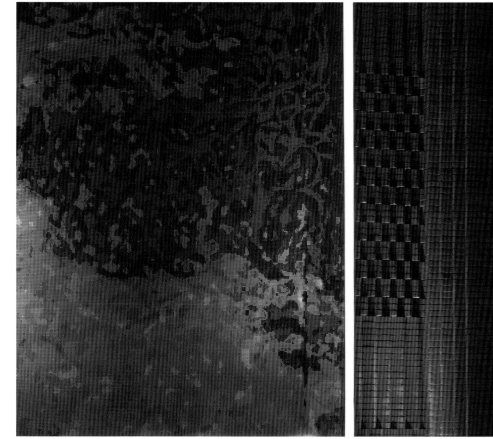

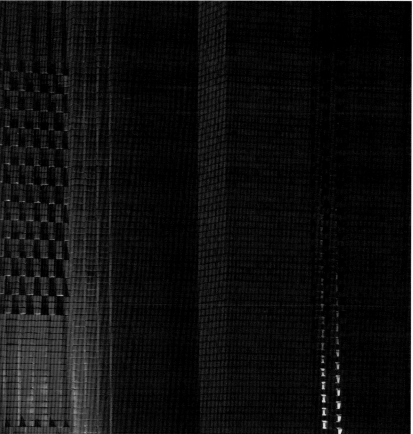

海派书画大师程十发先生曾说过，海派的"海"，并不是指上海的"海"，而是五湖四海的"海"。海派文化的精髓是"海纳百川，有容乃大"。运用到景观设计，体现在形式与内涵丰富多彩、中西交融。就如这密林小径，环形水盘如玉石般掩于密林，涓涓流水拾级而下，配合小精灵雕塑的点缀，灵动轻盈。两倍于九峯里曲径的长度，更大的设计空间，使其空间层次更加丰富。行走在小径上，从窥而不得到豁然开朗，层层递进，引人入胜。两侧丰富的植物组团，打造了英式花境，看似洋腔洋调，其实是对传统园林与西方园林的兼收并蓄，细节中处处映射着中国传统园林的光辉。正是对细节的不断雕琢，才体现了云麓里海派文化的精致和品味。

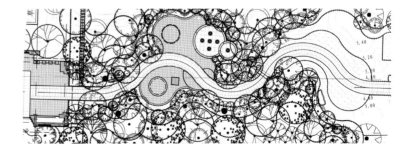

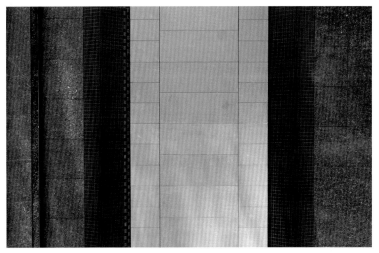

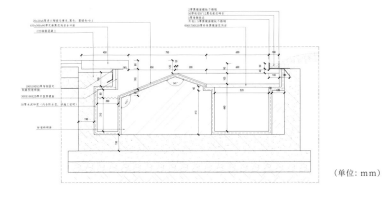

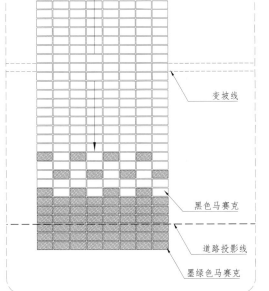

变坡线

黑色马赛克

道路投影线

墨绿色马赛克

墨绿色马赛克
黑色马赛克
备注：按原选样规格

（单位：mm）

（单位：mm）

不同的纹路肌理、不同的材质石材组合拼接，寓意着这座海纳百川的城市中人群的缩影。非对称设计的壁龛上，绵绵细水跌至而下，正如城市更新时人与物之间那亘古不变的关联。

甬道我们也有所升级，采用马赛克材质，颜色从黑到墨绿逐级递进渐变，追求精致美。到了晚上，浮桥下灯带亮起，小桥恍若凌空漂浮起来。

施工过程

绿城招商·诚园
GREENTOWN SINCERE GARDEN

业主单位 / 绿城集团、招商地产
项目地址 / 合肥
建成时间 / 2019

本项目位于合肥市滨湖新区，示范区的售楼处部分为未来社区用房，而样板房和工艺工法区域是临时借用的一块红线外用地。与一般售楼处的闭合动线不同，本项目会产生一条穿越市政道路的动线，从平面布局看，形成了两个相对分离的场所。既然两个场所承担着两种不同的功能，又是处在不同的动线上，那我们就决定制造出两种截然不同的体验——美学与生活的融合。

从工艺功法到样板房的动线上，我们希望可以打破常规做法，不再是从一个封闭的"盒子"到另一个"盒子"，而是做成"森林中的美术馆"。明亮的玻璃、消隐的结构、郁郁葱葱的植物和柔和的天光，工艺功法的展示如同一件件艺术品。功能和动线围绕着中心景观设置，最终稿草图把功法间和样板房区域做了划分，增加了更多绿化空间作为背景。让风景成为主角，必要的动线都被边置化，扩宽了场所的空间感，行走虽然还是用"绕"的方式，但这种"绕"是自然而不单调的。

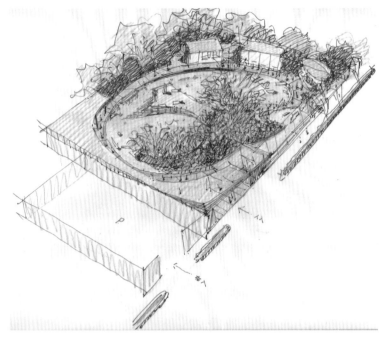

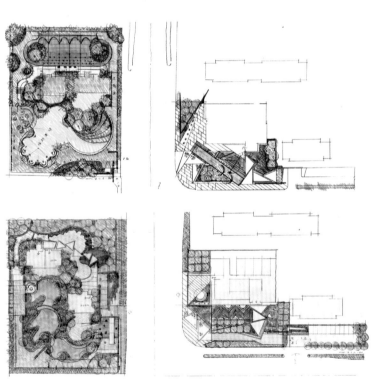

在这个项目中我们想探讨的是，前场（尊贵）—售楼处（奢华）—后场（组团）的展示区格局，是否可以被打破。很多示范区都是临时存在，那需要被看到的不应该是开发商的匠心和对品质、美学的追求吗？

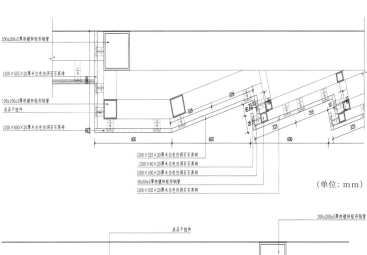

200x200x5厚热镀锌矩形钢管
1200×505×20厚米白色仿洞石石英砖
100x100x3厚热镀锌矩形钢管
成品干挂件
1200×600×20厚米白色仿洞石石英砖

1200×325×20厚米白色仿洞石石英砖
1200×90×20厚米白色仿洞石石英砖
1200×100×20厚米白色仿洞石石英砖
50x50x5厚热镀锌矩形钢管
1200×305×20厚米白色仿洞石石英砖

（单位：mm）

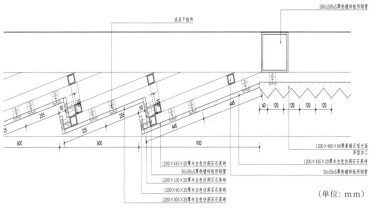

200x200x5厚热镀锌矩形钢管
成品干挂件

1200×480×80厚莱姆石哑光面
异型加工
1200×445×20厚米白色仿洞石石英砖
50x50x5厚热镀锌矩形钢管

1200×445×20厚米白色仿洞石石英砖
1200×100×20厚米白色仿洞石石英砖
1200×90×20厚米白色仿洞石石英砖
1200×305×20厚米白色仿洞石石英砖

（单位：mm）

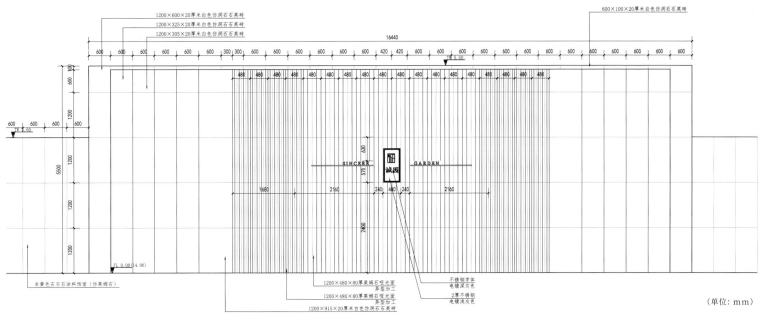

1200×600×20厚米白色仿洞石石英砖
1200×325×20厚米白色仿洞石石英砖
1200×305×20厚米白色仿洞石石英砖

600×100×20厚米白色仿洞石石英砖

16440

SINCERE 诚园 GARDEN

米黄色石灰石涂料饰面（仿莱姆石）

FL 0.00(14.90)

1200×480×80厚莱姆石哑光面
异型加工
1200×480×80厚莱姆石哑光面
异型加工
1200×915×20厚米白色仿洞石石英砖

不锈钢字体
电镀深灰色
2厚不锈钢
电镀浅灰色

（单位：mm）

225

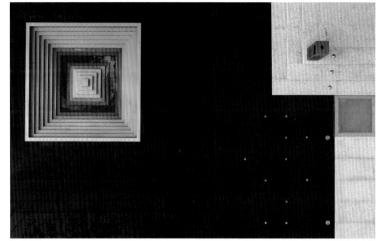

几何形的浮桥作为进入售楼处的铺垫，黄铜和石材的结合，来自斯卡帕对材料运用的启发，他非常擅于将普通材料和珍贵材料结合在一起。

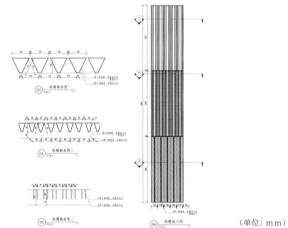

（单位：mm）

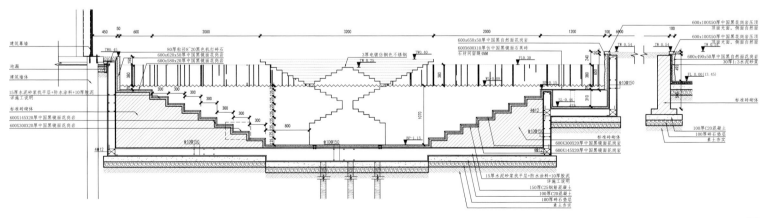

中海·青剑湖上园湾
ZHONGHAI SHANGYUANWAN

业主单位 / 中海地产
项目地址 / 苏州
建成时间 / 2019

本项目坐落于苏州工业园区，紧邻阳澄湖景观带，它的西侧靠近阳澄湖生态体育公园，北有唯亭生态公园，整体环境良好。整个项目属于青剑湖住宅区中心区域，优越的生态环境，是青剑湖版块天生的资源。借用得天独厚的水资源，我们以水为主打资源，引入上古神兽鲲，奠定了此次青剑湖示范区的设计主题。传说中鲲神栖身于海洋，游弋于浪中，生动形象的表达了项目位置的优越性。

景观故事线以"寻鲲"为设计灵感，整体设计来源提取浪涛的倾泻形态，所有亭廊及构筑物细节塑造"身处廊下如坠溪泊"的东方哲学意境。我们以鲲的痕迹为主题故事线，在追寻鲲的影踪时，将示范区的各大节点进行了串联，塑造了不同的景观节点，让人们寻鲲的行径中体会一种寻梦之境。首先我们来到了示范区入口处，由于前场景观设计范围局限，因此我们将市政界面打开，塑造可观不可进，似诸非诸、如梦似幻的现代中式市政形象，将客户情绪代入故事的奇幻境界。

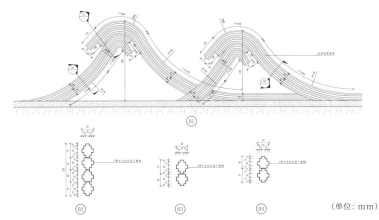

（单位：mm）

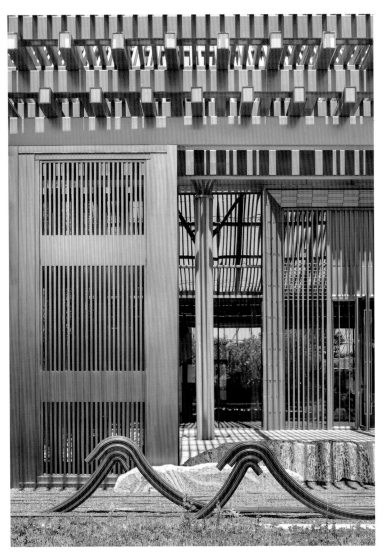

取鲲之寓意，福泽于天下，见鲲而得祥和安乐，得鲲者安康乐居，以此为设计意图，塑造寻找鲲神的景观故事线，将示范区各节点赋予故事性，打造归梦、入海、寻影、见鲲、同游、归恋的景观动线。如梦似幻沉醉上古神话，一路辗转跟随仙鲲踪迹，见诸相非相，与鲲同宿，终得一方净土。

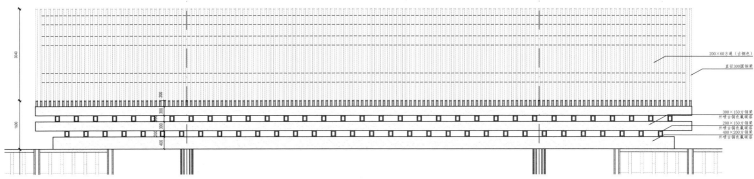

200×60方通（古铜色）
直径300圆钢梁

300×150方钢梁
外喷古铜色氟碳漆
200×150方钢梁
外喷古铜色氟碳漆
400×200方钢梁
外喷古铜色氟碳漆

3040

200

300
300

200
400

1600

（单位：mm）

当浮想联翩的梦境将得以实现时，我们便逐一进行探寻。由于前场较窄，我们在现场进行了头脑风暴，提出将建筑雨棚化为倾泻的弧形廊架搭于景墙上，同时展开市政界面，营造大浪滔天的立面进深。寓意客户如同伴随鲲的行踪进入海底世界，浪涛倾斜于顶，望苍穹而不见明月，坠入无边梦境，碧浪尽倾斜九重天际。

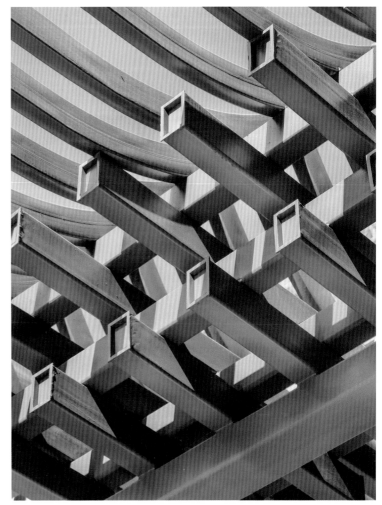

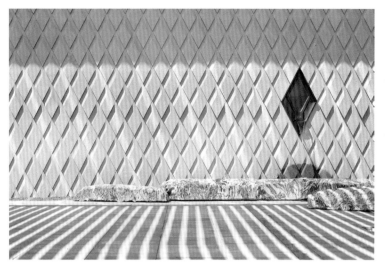

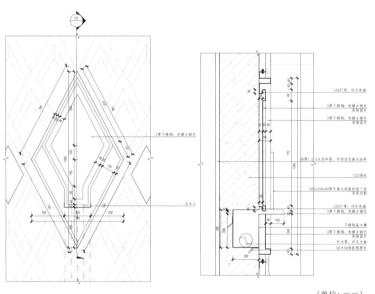

（单位：mm）

主入口景墙以抽象的形态拟浪涛的形态，于倾浪形态的廊架顶下，初见波涛，展开寻鲲故事画卷的第一章节。廊顶为涛，景墙为浪，景石为礁，细节处营造故事线的神秘氛围。

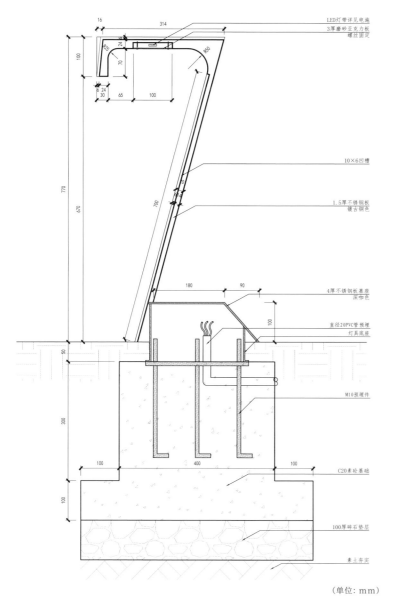

LED灯带详见电施
3厚磨砂亚克力板
螺丝固定

10×6凹槽

1.5厚不锈钢板
镀古铜色

4厚不锈钢板基座
深咖色

直径20PVC管预埋
灯具底座

M10预埋件

C20素砼基础

100厚碎石垫层

素土夯实

（单位：mm）

鲲神的雕塑化形态，以片状的现代化手法立于水景之上，鲲首向南。寓意鲲归故里，回到大区的设计意图。背后的金属网格结合竹林作为端景，塑造波光粼粼的浪涛效果，浪涛形态的景观廊顶覆盖之下，以多种手法向江河大海致以深深的敬意。鲲之居所，在上古神话中，只愿栖息于风水鼎盛之处，鲲之安定，必将带来周边的万物生生不息，世间繁华万象。因此鲲院以鲲宿为形，具象化鲲神，以水景浮盘托，绿树浓荫相伴，悠扬的华丽诗篇在此以一个充满可能性的情景告一段落。

鲲院水景最精妙之处莫过于9999片精心定制的"鱼鳞"，此"鱼鳞"由花岗岩制作，通过人工铺垫而成，耗时数月精工细作。通过景观的手法塑造了一条90°滑落，从立面衍生至地面的水毯画布，托起两座鲲宿的浮盘，轻盈而梦幻，宛若室外桃源，身临其境。

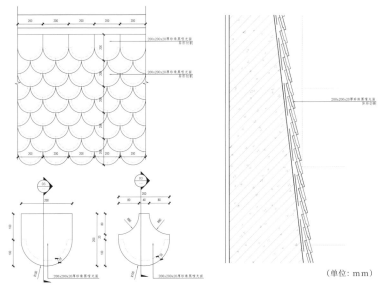

（单位：mm）

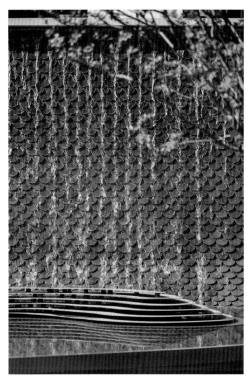

当水流划过"鱼鳞"表面，流淌的水流随着"鱼鳞"的高低起伏，形象生动，包含了鲲鳞所落之处水源蓬勃，带来无限生机的寓意。

龙湖祥生颐居·颐和九里
LONGFOR R&F RIVERSIDE MANSION

业主单位 / 龙湖集团、祥生集团、颐居地产

项目地址 / 南京

建成时间 / 2019

获奖信息 / 2020 ELA 年度最佳小型景观佳作奖

说起自然，我们总是第一时间联想到水和绿色，那是一种本能的意识，就好像我们时刻在呼吸一样。水的流动，时间的飞逝，似乎在诉说着一个个故事，而我们故事犹如长江的延绵水脉、背衬的老山景色，水的韵律夹杂景的生息，相互交融。拥有历史背景的南京城区，蕴含着浓浓的民国风情。古典与现代的层次交融与碰撞，将孕育出跨时期的现代印象。时间代表过去，同时也寓意未来，在现代与历史碰撞后所延伸出的大都会概念，也彰显着设计的匠心品质。我们将故事串联、延伸，便浮现出我们不曾"看见"的时间历程——浮影居。

我们以光影诠释时间的存在，打造了一趟奇幻之旅。用人与自然光线的关系与互动，时间的流逝与光线自身的美，来唤起人类的感官体验。光与影的陆离，多元的互动与变换。每一处景观细节都呈现着卓越匠心品质，唯有才经的起品味，经的起时间的考验。颐和九里的示范区入口是一座恢弘大气的门楼瓮城，初到此处感受到了一种震慑，不仅仅是高挑的设计，更是一种现代与自然的结合，让人越发的好奇，想要一探究竟。仰望蓝天的福娃娃，似乎看到了我们小时候的模样，我们总是抬头期盼会得到些什么，满天的星空、父母给的礼物、还有那天真烂漫的无忧无虑，曾几何时，家对于我们而言充满着期盼。

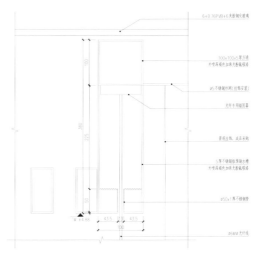

（单位：mm）

穿过售楼中心，我们最先听到流水潺潺，而后入眼绿意盈盈。当清水流过高低错落的石景，掀起一层一层的波澜，我们会想起山间小路，孩子们在河边玩耍嬉戏。纵横交错的艺术水景，展现出自然的魅力，波动的清澈水面，时而露出的新枝嫩芽，使我们置身自然之中。

起身，穿过景观廊架来到休憩亭，这是整个后场打造的生活空间，也是观赏水上花园的最佳场所。角落的洽谈空间，与层层叠水形成反差，营造了一种私密空间。不求多繁高大的堆砌，而在乎一石一木一花一草的巧思。与谁同坐轩畔一池清水，业主在庭中即可拥有"闲倚胡床，庾公楼外峰千朵。与谁同坐？明月清风我"的生活。

经过了水上花园、水中步道，不由得感叹示范区的巧思设计，能让我们真正放松下来的地方才是家。

初见的浮影回廊，身临其境，若影若现的感受着光的作用。五维的立体景观设计，空间更灵动，同时还可以保证业主生活的私密性，水景两边设有浮影回廊，光与影的灵动，折射出不同的影像，仿佛置身于一场视觉盛宴。水与桥总是有特殊的牵连，似乎彼此呼应。当桥渐渐融入水中，又似乎相互交融。示范区中央的步桥设计采用了内嵌式，移步其中，置身于山水之间，惟妙惟肖。

龙湖·天宸原著
LONGFOR MANSION

业主单位 / 龙湖集团
项目地址 / 桐乡
建成时间 / 2018

这个项目最初在建筑立面还没有进行的时候，从我的出发点，是希望呈现比较现代和清新的感觉，最后被颠覆了，变成了很传统的龙湖中式。这个项目在乌镇，是中国有名的水乡，也和中式风相符，我们要为真正的中式做什么？什么才是真正的中式？也是我们在项目中想要探讨的。现在流行的所谓中式的水景，给我印象最深刻的就是"干"，龙湖要把这个项目做成中式，那我们接受这个设定后，想要告诉生活在这里的人，什么是真正的中式。

中国人的礼序观念、生活观念，最早是从汉唐起步，从汉唐的院落开始的，整个风格是比较"干"的。当时我们在思考时，在门头做了一个内凹型U字口，仿佛是古院落大宅之门，二进空间是通过圆形门洞看到里面的山水，那什么是山水文化呢？它又是怎么产生的呢？我国的园林工作者最早提出了"天人合一"的理念，意即世界是我，我是世界。也有修道者把大宇宙、大天地观融入自身，也成为"天人合一"。那么在园林工作者的心目中，是我生存的地方在天地之间，那么我要让天地与我生活的地方做一个很好的融合，这也是最早私家园林理念的由来。为什么中国古代的私家园林都是文人做的，因为他们有知识，他们把文学和思想上的理念，运用到他的生活当中去建造园林。

我国的园林分为皇家园林和私家园林，我们希望在一个项目中将这两种园林风格融合在一起，也是我们对于中国文化的一种回溯和致敬。这个项目"面子"上的东西都是皇家园林的，"里子"里的东西都是私家园林的。我们从入口开始植入这些东西，把整个空间进行了切分。示范区的空间很简单，它是一个实体示范区，一个未来社区的入口，还是未来社区的组团。

我国的私家园林几乎都是明清时期建造的，汉唐遗韵由日本继承。在唐朝时，中日贸易往来非常频繁，日本派大量遣唐使来唐朝学习文化，回到日本传承发扬，所以才有了后来的日式园林景观。追根溯源，这是真正的汉唐中式，他们的院子讲究精致、原始、质朴、道性。

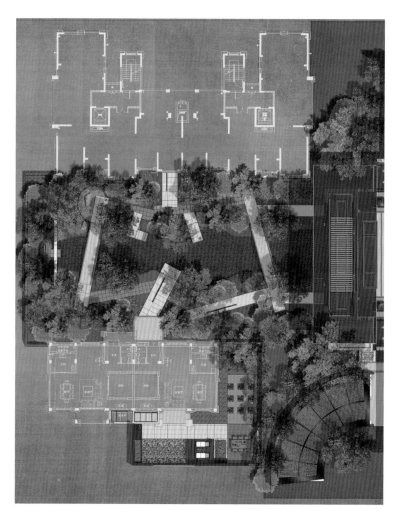

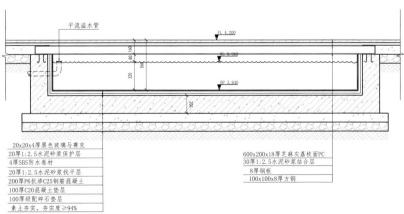

平流溢水管

FL. 4.200

FL. 3.960

BP. 3.640

20x20x4厚黑色玻璃马赛克
20厚1:2.5水泥砂浆保护层
4厚SBS防水卷材
20厚1:2.5水泥砂浆找平层
200厚P6抗渗C25钢筋混凝土
100厚C20混凝土垫层
100厚级配碎石垫层
素土夯实,夯实度≥94%

600x200x18厚芝麻灰荔枝面PC
30厚1:2.5水泥砂浆结合层
8厚钢板
100x100x8厚方钢

（单位：mm）

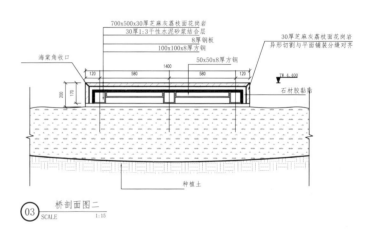

700x500x30厚芝麻灰荔面花岗岩
30厚1:3干性水泥砂浆结合层
8厚钢板
100x100x8厚方钢

海棠角收口

30厚芝麻灰荔面花岗岩
异形切割与平面铺装分缝对齐

50x50x8厚方钢

TW 4.400

石材胶黏带

种植土

⑬ 桥剖面图二
SCALE   1:15

（单位：mm）

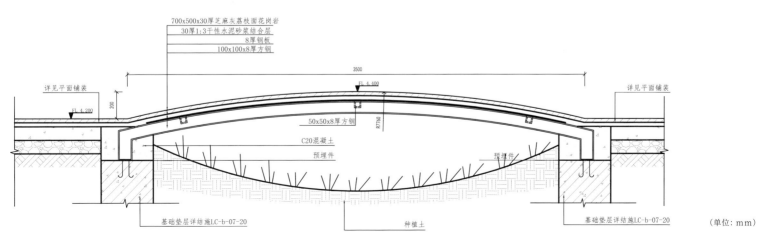

700x500x30厚芝麻灰荔面花岗岩
30厚1:3干性水泥砂浆结合层
8厚钢板
100x100x8厚方钢

3500

详见平面铺装

FL 4.200

详见平面铺装

FL 4.400

50x50x8厚方钢

R7760

C20混凝土

预埋件

预埋件

基础垫层详施LC-b-07-20

种植土

基础垫层详施LC-b-07-20

（单位：mm）

我们提笔勾勒高层的空间，脑海中随即浮现这样的场景：漫游在水市口，水面上的乌篷船三三两两，游人与船家闲话几许，间或从水埠头传来洗衣敲打的声响。拷花亭内的蓝印花布在阳光下随风摇摆，孩童在旁追逐嬉笑。

古代文人雅士吟咏诗文，议论学问的集会，谓之"雅集"。时光婉转，以全新的方式诠释社区交流、会聚的空间。归家是一家人分享的时刻，而别墅间的休憩之所是彼此的交谈时光。循水停泊，闲坐水岸，旁有水流汩汩，莺声些许，品茗惜取春光几刻。生活本该有它原有的样子，可动可静，在那些许的片刻时光里，静静的坐在一旁，感受自然所赋予的怡然自得。我们希望在有限的联排空间内创造更多的交流共享空间：循水而行，方圆之间觅得一片林荫所在。光影变幻，春华秋实。这里永远有惊喜呈现。

王羲之在《兰亭集序》中写道："此地有崇山峻岭，茂林修竹，又有清流激湍，映带左右。"穿行而过的社区道路犹如一湍清流穿流而过，两侧的绿植点缀好似形成了自然的驳岸边界，从一旁的桥而去，那处便是心之所向。

中骏·柏景湾
SCE PARKVIEW BAY

业主单位 / 中骏置业

项目地址 / 济南

建成时间 / 2017

"泉城"济南，历史文化名城的标签下蕴藏千年历史、沉淀文化之美。项目坐落于济南章丘，地处济南——淄博发展城市带，占据经济廊道、沟通桥梁地位，章丘也是"龙山文化"之源，人杰地灵。我们希望这是一场融入济南历史人文情怀的体验之旅，这里注重空间层次，展现艺术风格。

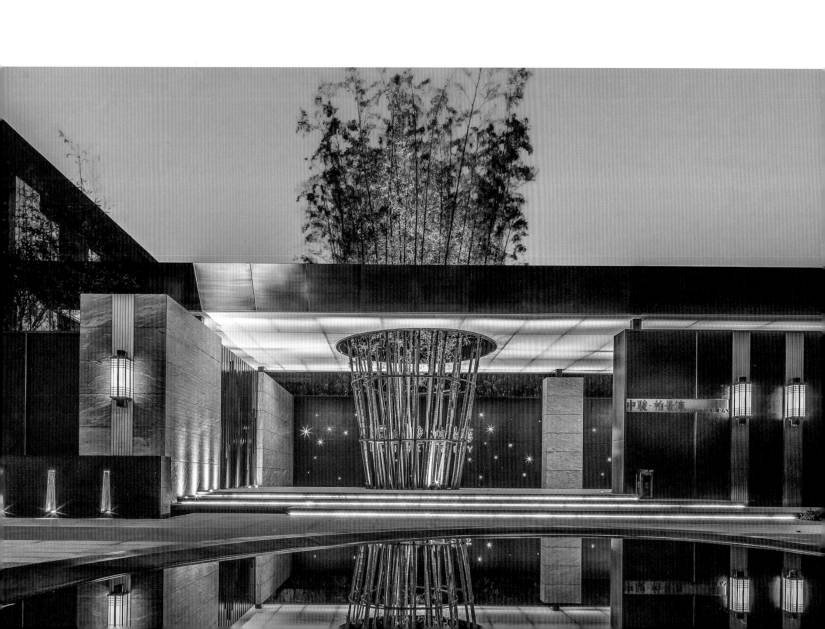

项目旨在为追求生活品质的成功人士、品味自然景观的乐山水者敬呈现代典雅、自然静谧的园境体验，打造充满体验感的归家之道，成为绿泉居所的标杆和生态宜居的典范。设计提炼"山""泉""湖"等地域元素，在空间与形式的表现上引入自然之美，以山水入境，吟咏传统的人文精神，重塑现代人居美学，打造一个山湖人文国际社区。

景观手法上，以空间为核心，以形式为表达，结合中式元素与现代风格，以现代的审美打造传统韵味，体现有规律的节奏感，加强印象。通过构筑以东方院落为框架的空间格局，将中式的居住哲学融入空间秩序，墙门堂院、前庭后院，在层层递进的空间转换中，增加传统体验的冲击。同时，设计采用现代的材料打造景观物件的表皮，体现张力，融合现代艺术，呈现时尚的品味。最终，强调空间的序列变化以塑造层次丰富的景观空间，多样的材料运用和整洁大气的特色文化小品的运用，实现承载传统与现代相融意境的景观效果。

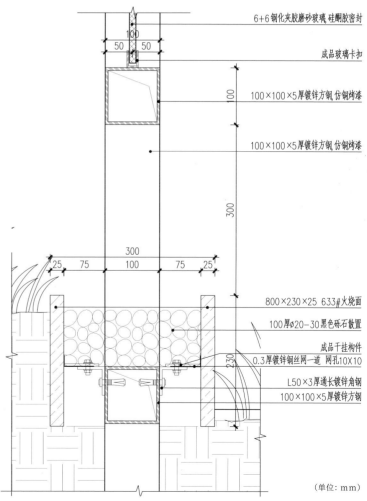

6+6钢化夹胶磨砂玻璃 硅酮胶密封

成品玻璃卡扣

100×100×5厚镀锌方钢 仿铜烤漆

100×100×5厚镀锌方钢 仿铜烤漆

800×230×25 633#火烧面

100厚φ20-30黑色砾石散置

成品干挂构件
0.3厚镀锌钢丝网一道 网孔10×10

L50×3厚通长镀锌角钢

100×100×5厚镀锌方钢

（单位：mm）

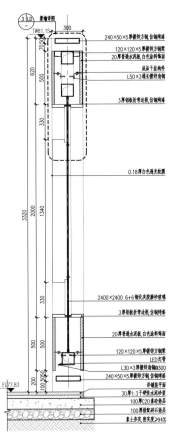

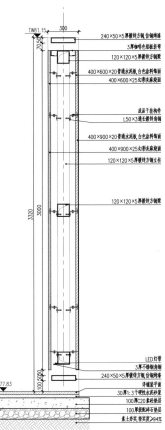

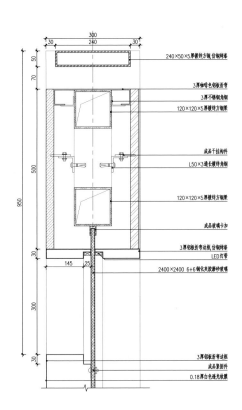

3 LD 景墙详图

TW81.15

300

240×50×5厚镀锌方钢 仿铜烤漆
120×120×5厚镀锌方钢梁
20厚普通水泥板,白色涂料饰面
成品干挂构件
L50×3通长镀锌角钢
3厚铝板折弯边框,仿铜烤漆

0.18厚白色透光软膜

2400×2400 6+6钢化夹胶磨砂玻璃
3厚铝板折弯边框,仿铜烤漆
20厚普通水泥板,白色涂料饰面
120×120×5厚镀锌方钢梁
LED灯带
L30×3厚镀锌角钢300
240×50×5厚镀锌方钢 仿铜烤漆

FL77.83
详铺装平面
30厚1:3干硬性水泥砂浆
100厚C20素砼垫层
100厚级配碎石垫层
素土夯实,密实度≥94%

TW81.15

300

240×50×5厚镀锌方钢 仿铜烤漆
3厚咖啡色铝板折弯
120×120×5厚镀锌方钢梁
400×600×20普通水泥板,白色涂料饰面
400×600×25幻彩灰麻烧面
成品干挂构件
L50×3通长镀锌角钢
400×900×20普通水泥板,白色涂料饰面
400×900×25幻彩灰麻烧面
120×120×5厚镀锌方钢立柱

120×120×5厚镀锌方钢梁

LED灯带
3厚不锈钢角钢
240×50×5厚镀锌方钢 仿铜烤漆

FL77.83
30厚1:3干硬性水泥砂浆
100厚C20素砼垫层
100厚级配碎石垫层
素土夯实,密实度≥94%

300
30 240 30

240×50×5厚镀锌方钢 仿铜烤漆
3厚咖啡色铝板折弯
3厚不锈钢角钢
120×120×5厚镀锌方钢梁
成品干挂构件
L50×3通长镀锌角钢
120×120×5厚镀锌方钢梁
成品玻璃卡扣
3厚铝板折弯边框,仿铜烤漆
LED灯带
2400×2400 6+6钢化夹胶磨砂玻璃

3厚铝板折弯边框
成品紫铜圆件
0.18厚白色透光软膜

（单位：mm）

262

新城·西塘玺樾
SEASEN XITANG XIYUE

业主单位 / 新城控股
项目地址 / 嘉兴
建成时间 / 2018
获奖信息 / 2018 KINPAN 金盘奖浙江区域年度最佳预售楼盘奖

本项目位于西塘古镇保护区内，距离古镇景区仅400米。西至宏福路，北至南苑路，东临马鸣漾，得吴越"水"之灵性，拥有得天独厚的自然景观资源。当我们走在江南的街道，时常能看到这样的场景：青砖、粉墙、黛瓦……马头墙形成高低错落的形体节奏。玺樾的设计元素汲取了江南水乡之精髓，从马头墙、屋檐提炼线条，于粉墙黛瓦提炼色彩，由青瓦银杏提炼细节……细微之处尽显江南水乡静谧古朴的氛围。玺樾的空间布局，亦是延续西塘千年风雅，引入传统中式建筑经典院落格局，通过空间的转折创造出不同的体验环境。突出视线焦点，传承中式文化底蕴。

柔和的微风携带丝丝凉意，吹皱一池春水。乘坐小船荡漾在西塘的母亲河——马鸣漾上，玺樾的示范区映入眼帘。示范售楼处紧临马鸣漾，我们将示范区入口与大区的北入口做了结合，打造成酒店式落客区，不仅宛若天然的融入了西塘的大环境，也给予参观者强烈的文化植入感。沿河而行，于竹林巷道行径折转。灰黑的仿古屋瓦檐，金属条抽象了山水线条，在六米高纯白色的围板折墙上如画卷般展开。不见庸俗，只在意境之中。

临河而建的长廊，如同展开的画卷。河边的茶室作为二次接待区，将现代生活融入江南古镇的白墙烟雨。马鸣漾的风光尽收眼底，使人沉醉。阳光透过窗格的缝隙洒下，金属摆件泛着岁月打磨过的光泽，室内与室外相互通联，内外归一，自成一景。经过设计的长廊是西塘古镇的重构，利用现代手法的投幕，艺术的雕琢，营造出一个古今对话的新长廊。

道路两侧堆高，瓦片竖铺似浪花层层叠叠，甬道似"浮桥"，指引着参观者前行。我们在玺樾项目中，也植入了较多的文化元素，对传统文化有所了解的人，想必会对其中的设计会心一笑。

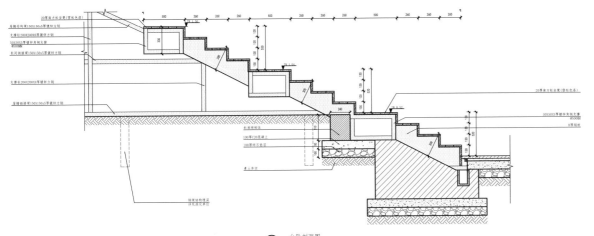

01 台阶剖面图
SCALE 1:15

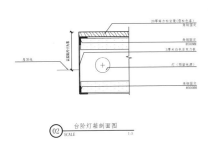

02 台阶灯箱剖面图
SCALE 1:5

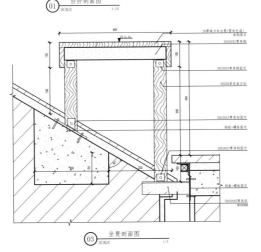

03 坐凳剖面图
SCALE 1:5

注：房顶脊瓦及台阶坐凳由专业厂家深化安装。
注：钢结构由专业厂家深化。注：相对坐标FL0.00等于绝对坐标FL2.50

（单位：mm）

在古时，园林是文人的乐园。文人，注定不是一个简单的读书人，而是一个有社会责任的人，一个具有公众色彩的文化领导与风尚人物，一个有文化姿态的人。文人的世界，不仅有粉墙黛瓦的书院、有梅兰竹菊的芬芳、有琴棋书画的修行，还有特定的空间姿态。

"屋山望远"是登高望远的忧思，是文人内心的外化，以言说山水的方式表白心迹。而"一角容膝"则是彰显文人不群居的孤傲。我们将文人的生活姿态再现于此，参观者也可以站在古人的视角，体会一番今时的美景。

铺地的设计也巧妙融入"渔樵耕读"的故事。新建的玺越亦有古韵西塘的情怀,将都市的繁华与江南水乡的烟雨朦胧融为一处。

玺樾的空间整体意境空灵至简。月如霜,风如水。建筑使用大面积的黑白灰诠释独有的质感,铺地从黑色大理石向灰白色过渡,而后化为深棕色,层次渐进,湛蓝的天空自带清新感。度假感的镜面水设计,在这里可以真正感受到人与自然融为一体的美感,能感受到水天一线、环水而居的轻松心境,同时镜面水也作为未来生活服务的配套,服务于居住功能。水满溢时是观景倒影池,水位下降5cm后,浮板显露,可作为活动营销场地。

售楼处及样板房内部营造出中式特色的氛围。联排样板房的书房也打造了贴切的故事，古色古香的书房家具配合浓郁的书香气息，彰显出主人的文化品位和个人魅力。休息区酒店式的卡座设计，把传统西塘文化和现代化度假酒店式体验相结合，这是一场徜徉在古镇文化氛围中的度假体验，是对传统中式宅园的全新探索。致力于打造一个可游、可居的环境。无处不在的平衡感，让环境融入自然景物之中，得一份悄然平静的心绪，所有俗世的喧嚣，在此渐趋恬然。

中梁·江城 1621
ZHONGLAING JIANGCHENG 1621

业主单位 / 中梁集团
项目地址 / 芜湖
建成时间 / 2018
获奖信息 / 2019 KINPAN 金盘奖皖赣赛区年度最佳住宅奖

本项目位于安徽芜湖主城东，地处弋江南路，南至峨山路立交，西至仓津路，北至文津东路。周边环境相对复杂，仓津路中间为芜铜铁路高架线路，文津东路往东为断头路，未来主要人流将由西北方向到达场地。建筑包括售楼处及四栋临时样板间，售楼处同时作为未来小区的人行出入口。如何利用售楼处前场打造领域感和仪式感的空间，以及如何营造后场合理的参观动线和丰富的体验感，成为景观设计的主要问题。

我们希望通过对空间场景化的探索，明确各个不同体验阶段差异化的空间特征，感受每个空间独有的性格，或开敞，或围合，或严谨对称，或轻松自然。使有限的建筑周边场地气质统一又多变。最终我们形成五个主题场景：形象广场、仪式入口、礼仪步道、回廊水院、样板花园。

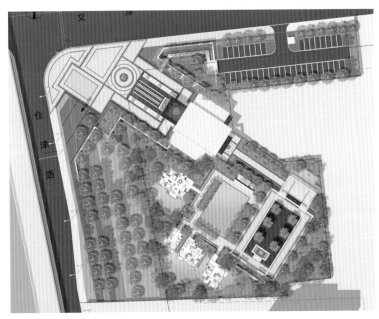

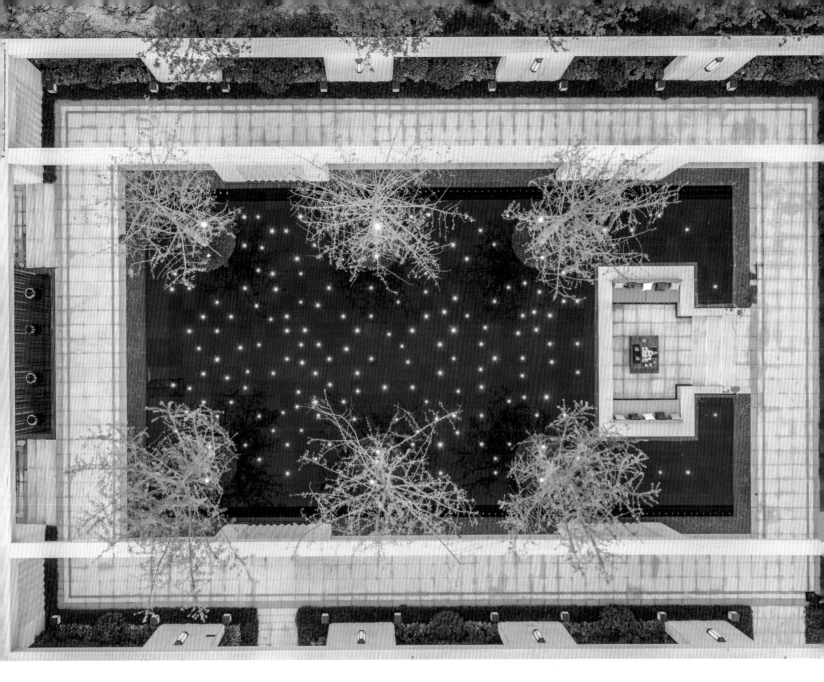

考虑售楼处内部洽谈区向外的视觉体验，结合后场的场地形态，景观设计尽可能营造具有进深感和仪式感的空间。礼仪步道通过造型树木与灯具的阵列布置，营造仪式感的同时又带给客户探索欲，40m 长的树阵夹道步行距离，足够客户酝酿对于后场场景的神秘感，同时该区域狭长的空间又和下一个场景形成鲜明对比。通过狭长的步道来到回廊水院，豁然开朗，简洁的阵列银杏，大跨度的回型连廊，纯粹统一的墙体，平静且惊艳的星空水景，共同营造后场的中心景观节点，达到整个示范区体验的最高潮。

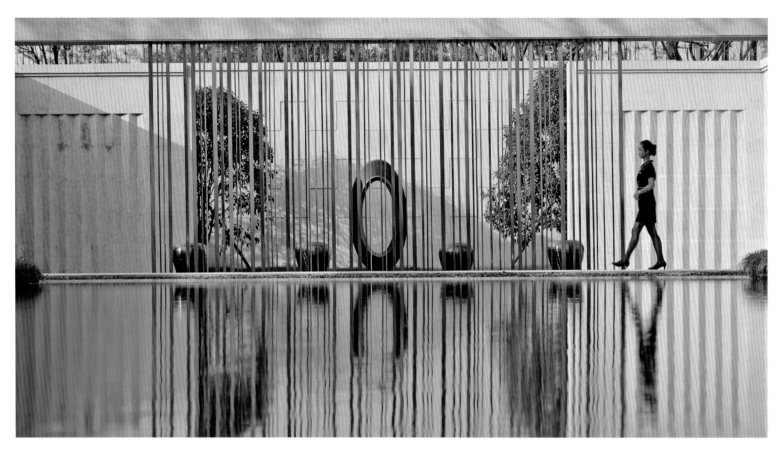

VACATION
LIFE

度假生活

万科·兰乔圣菲
VANKE RANCHO SANTA FE

业主单位 / 万科集团

项目地址 / 郑州

建成时间 / 2016

获奖信息 / 2016 KINPAN 金盘奖全国总评选年度最佳别墅奖

2016-2017 CREDAWARD 地产设计大奖年度景观类专业优秀奖

2017 寻美中国地产设计大奖年度最佳别墅奖

兰乔圣菲现在是万科内部产品系列的名字，全国很多地方都有兰乔圣菲，这个名字最初的来源是万科在上海华漕区域的独栋度假区。当时万科上海研发时去了南加州考察，想原版搬至此，但最后项目做成时已经与南加州没有太大关联，只留用了兰乔圣菲的名字。这个系列在万科内部一直是 TOP 系产品，受重视度极高。此次项目所在地是郑州，万科采用了平时较少使用的设计投标方式进行招标，参与竞标的有奥派、CRJA、贝尔高林、美国景度、杭州锐格等业内优秀企业，对于我们而言，这既是一次难得的机会，又是一场艰难的挑战。

项目坐落在郑州市中牟县，整个项目分为东西两个区域，示范区位于东区，面积达三万平米，是一个实景社区，用来展示真实的居住生活。整个项目最优美的湖体区域划给了示范区，临湖区域就成为展示区的一部分。但因为项目地处县城郊区，周边既无生活配套，也没有其他楼盘，给人相对荒凉偏僻的感觉。并且项目在郑汴物流大道一侧，仅有 50 米宽的市政绿化带与道路隔开。作为万科 TOP 系产品，豪宅定位与远郊和配套缺失成为了最大的矛盾，当时万科对这个项目的定位是做第一住区，而非投资项目。

中标之后，万科将所有竞标者的方案给到我们，希望我们可以取长补短。我们仔细分析了对手的方案，发现他们都是设计了沿湖通道，围绕湖做了一条环形路，但我们没有这么设计。我们当时进行了深入的尺度分析，发现湖体非常窄，与其说是湖不如称之为河更为确切。在这种情况下，再去营造湖体感受，围绕湖设计道路的话，湖面会显得更为局限。因此我们在湖的南侧即建筑的北侧先建立了一条通道，然后通过一座桥可以到达湖的北侧，从而入户。我们还将独栋的私家庭院做了无边SPA池的精装设计，使之与湖体衔接，湖体的视觉效果也更为宽广。"穿过一座城 寻找心中的一片海"是我们当时提出的口号。

对于商业的设计，参考了日本的表参道，城市界面进入项目领域范围时，我们将50米宽的市政绿化带全部做成草坡，这样将我们的领域与城市界面隔离，并且成本更低。随后我们提出了一个想法：将社区入口做成进深式的酒店入口，可以眺望湖面。

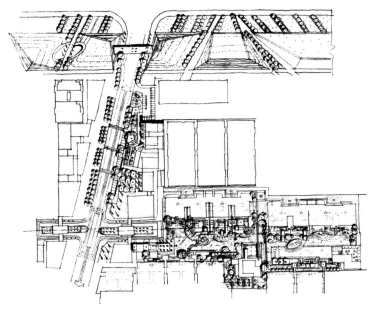

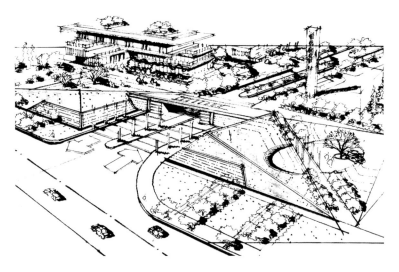

草坪

50厚细砂垫层

"T"型PVC边框固定 (A|LD) / —

M8膨胀螺栓固定

300

100厚C25钢砼基础 ∅8@200

100厚级配碎石垫层

素土夯实, 夯实度≥93%

(单位: mm)

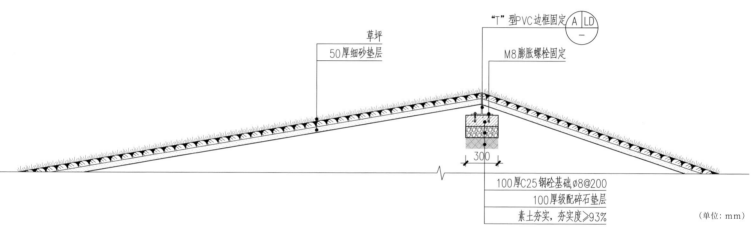

这张图所示的区域是我们觉得非常好的一个点，我们在靠近建筑的一侧，做了一个自然的湖体的现代水景设计，而不是传统的联排别墅的入户院。虽然有悖传统营销的观点，但我们觉得非常成功，这样设计使水面更大，并且北院的平台还满足了客户临水而坐的需求，可以惬意地临湖观景。

什么样的产品和景观可以使高端客户愿意定居于此？是我们做这个项目的焦点所在，沿着这个问题，我们想到了重庆柏联酒店和杭州的安曼酒店。他们都是位于城市热门景点的周边，却依靠自身独有的舒适性和怡人景观，获得了一大批宾客的拥趸。

我们设想未来的兰乔圣菲就如这些奢华酒店般遗世独立，如隐士般自享山水。为了打造这种即具备高端隐世酒店又充满宜居生活感的居所，社区入口我们做了区别于以往传统住宅的门头设计，用高端酒店的手法打造，充满了纯粹、静谧与孑然，置身其中便有世外桃源之感。

从规范看，台阶不要过 150mm 即可，踏面 300-350mm 都可以接受，但从实用角度看，我们坚持台阶不可超过 120mm，而且必须做悬浮式台阶，踏面宽度越宽越好，希望可以做到 450-500mm，窄了是没有体验感的。

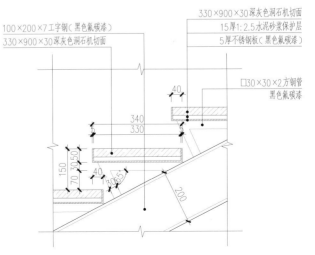

330×900×30深灰色洞石机切面
15厚1:2.5水泥砂浆保护层
5厚不锈钢板（黑色氟碳漆）

100×200×7工字钢（黑色氟碳漆）
330×900×30深灰色洞石机切面

□30×30×2方钢管
黑色氟碳漆

40
340
330
150
70 50
40
30 65
200

（单位：mm）

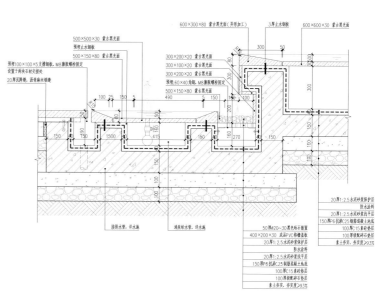

600×300×80 蒙古黑光面（异形加工）

3厚止水钢板

600×600×30 蒙古黑光面

500×500×30 蒙古黑光面

预埋止水钢板

300×200×20 蒙古黑光面

500×150×80 蒙古黑光面

300×100×20 蒙古黑光面

预埋100×100×5支撑钢板，M8膨胀螺栓固定
设置于两块石材夹接处
20厚沥青麻丝填缝

300×200×20 蒙古黑光面

预埋60×40角钢，M8膨胀螺栓固定

500×150×30 蒙古黑光面

接排水管，详水施

涌泉给水管，详水施

50厚φ20~30黑色砾石铺置
400×200×30 成品PVC檐盖板
20厚1:2.5水泥砂浆保护层
防水涂料
20厚1:2.5水泥砂浆找平层
150厚P6抗渗C25钢筋混凝土地底
100厚C15素砼垫层
100厚级配碎石垫层
素土夯实，夯实度≥93%

20厚1:2.5水泥砂浆保护层
防水涂料
20厚1:2.5水泥砂浆找平层
150厚P6抗渗C25钢筋混凝土池底
100厚C15素砼垫层
100厚级配碎石垫层
素土夯实，夯实度≥93%

（单位：mm）

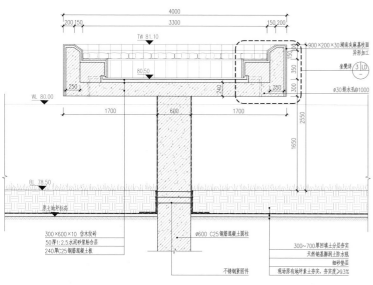

（单位：mm）

图中我们看到的区域都是别墅，它的外部是高层，也就是说这是别墅和高层同时在商业街有销售处的项目。我们认为别墅客户和高层客户所享受的服务体验应该是不同的，应该呈现出别墅客户的高端性，所以我们提出了"二次接待中心"的理念。在售楼处对客群进行细分之后，别墅客户可以直接带到湖中的水吧，作为二次接待中心，这个水吧与湖面是持平的，可以坐在湖中欣赏心仪的房子，憧憬未来的生活。

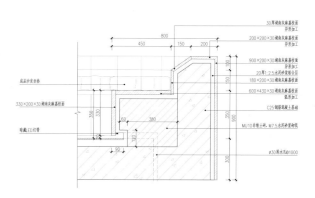

（单位：mm）

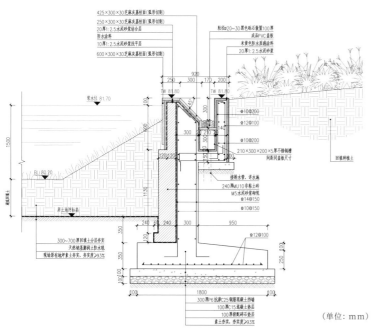

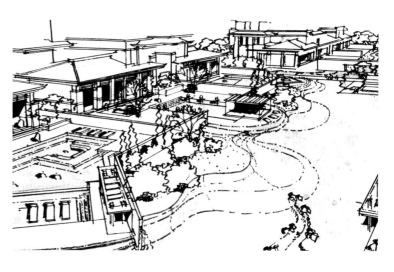

425×300×30芝麻灰蘑菇面(弧形切割)
250×300×30芝麻灰蘑菇面(弧形切割)
20厚1:2.5水泥砂浆结合层
防水涂料
10厚1:2.5水泥砂浆找平层
600×300×30芝麻灰蘑菇面(弧形切割)

粒径20~30黑色砾石置200厚100厚
成品PVC盖板
末黄防水废胶涂料
20厚1:2.5水泥砂浆

常水位 81.70

TW 81.80   TW 81.80
Φ100@200
Φ12@100
Φ10@200
210×300×200×5厚不锈钢槽
阴阳同盖板尺寸
回填种植土
接排水管,详水施
240厚MU10非黏土砖
M5水泥砂浆砌筑
Φ14@150
Φ10@150
Φ12@100

BLi 80.20

300~700厚回填土分层夯实
天然钠基膨润土防水毯
现场原布地坪素土夯实,夯实度≥93%

300厚P6抗渗C25钢筋混凝土墙
100厚C15混凝土垫层
100厚级配碎石垫层
素土夯实,夯实度≥93%

(单位: mm)

中心湖区更是化湖为"海",住户可私享"海"景。"全景社区"更是贯穿整个项目,处处共享绿地、森林、湖景,白天绿意充盈,夜晚星光诗意,美好生活尽情享受。

龙湖·坤和天境
LONGFOR LIGHT MANSION

业主单位 / 绿城集团

项目地址 / 南通

建成时间 / 2018

这个项目整体气质清净自然，依托山势，营造了居住与自然的和谐氛围。示范区尽可能如实还原别墅区域标准的归家动线，希望业主在样板区体验中感受到山居生活的惬意心境，这也未为山居的别墅空间找到了设计方向。山地即山居，回归自然，不求刻意动线，而是以悠然的路线融入峰回路转的变化。这种居住氛围的设计灵感来自民宿酒店，安静避世中追求道性的清净，山林古树中尽享自然美景。

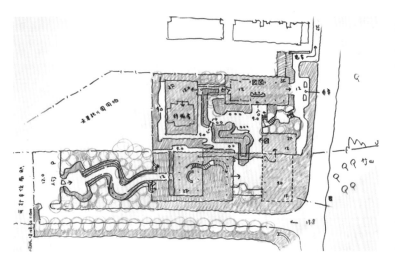

示范区方案一

设计初衷，是希望通过景观动线和建筑总体的布局规划，打造融合自然且富有高差变化的人居体验空间。在方案呈现上，我们以规划路带作为主要车行进入动线，通过建筑与景观空间的有机结合，消化外部道路与场地高差。售楼处前方的镜山静水，隐射出示范区东侧的竹山，同时可使车行进入的客户对整体示范区空间与建筑一览无遗。

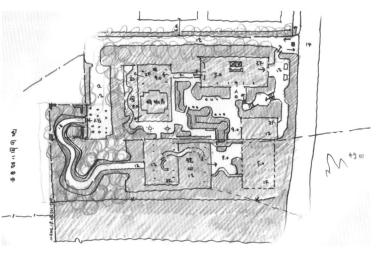

示范区方案二

以莫古路作为主要车行进入动线，规避了使用规划道路的风险因素。

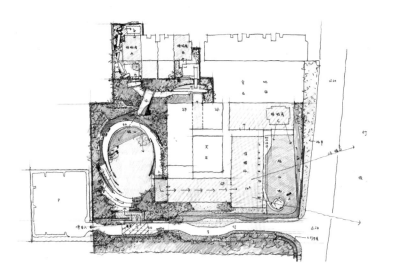

示范区方案三

由于建筑容积及功能空间面积需求，建筑空间排布产生较大变化，整体景观动线也产生较大变化，但我们将整体动线与山居理念保留，观者于前场可观赏更具居住氛围的依托山势的自然空间，中部镜山静水的自然空间得到保留，而后场动线尽端位于高地势区域可总览空间，拥有登临山间观览全局的视野。

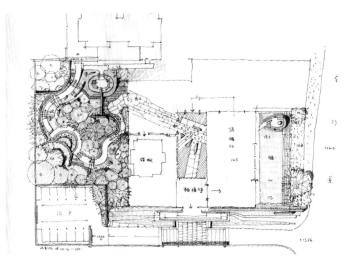

示范区方案四

经历多次设计完善，方案将后场水系进行梳理，曲势回环，峰回路转，同时植物挤压渗透于空间之中，使后场空间的自然山居氛围更为浓郁。

　　咛松之境旨在打造简洁纯粹的前场空间，诠释东方写意与现代审美的美学思考，以博物馆式的静谧，尽显品质居所的内涵。留白，是中国绘画艺术最具意境的表现，前场空间以干净的墙体立面作为画板，以白色的悬板作为基座，穿插悬浮的几何结构将净的现代美学客观展现，而这些只是展现自然的平台，姿态各异的松浮于之上，凸显"松"纯粹、峻然。浸染山间灵韵的松石才是空间的灵魂所在。而锲形入口又凸显建筑的立面体量，同时将空间清雅纯净的气质进一步烘托。

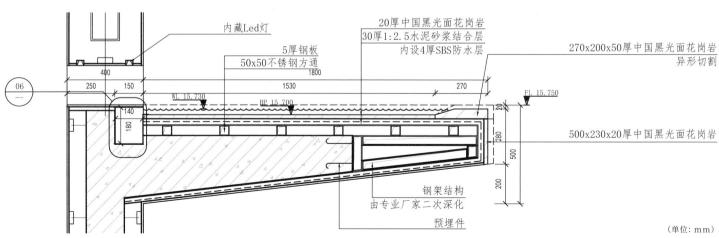

内藏Led灯

5厚钢板
50x50不锈钢方通
1800

20厚中国黑光面花岗岩
30厚1:2.5水泥砂浆结合层
内设4厚SBS防水层

270x200x50厚中国黑光面花岗岩
异形切割

400

250   150

06
一

1530

270

WL. 15.730

BP. 15.700

FL. 15.750

140

180

280

500

200

500x230x20厚中国黑光面花岗岩

钢架结构
由专业厂家二次深化

预埋件

（单位：mm）

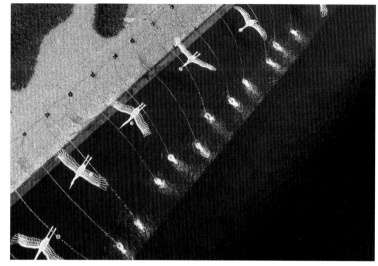

湖山之境空间追求为观者打造舒朗豁然的画面。将项目周围的山景作为设计元素，通过大面积水面映射竹山青翠，将自然之美不加修饰的引入眼前，也体现人居空间与自然环境的无界相融。东钱湖周边常有白鹭出没，高雅安静，空间将白鹭起飞回旋的姿态定格，于水景之上布置白鹭雕塑，镂空编制的白鹭体态轻盈的穿梭于起伏变化的波光泉水之间。

中庭空间以特色的铺装形式打造禅意的林下休憩空间，深灰与浅灰双色铺装、交替铺置，于细节将匠心与惊喜体现。整料石材的坐凳穿插于铺装变化之中，以一种较为克制的形式体现自然，人工与自然的博弈与相融也表达了禅的意境。

粗线为8mm缝隙

100厚芝麻灰荔枝面花岗岩

（单位：mm）

后场空间更是将山居的气质挥于极致，不求刻意动线，悠然的路线融入峰回路转的变化，步于自然之中，不经意间已悠然归家。空间依山势地形打造，给予观者不同的感官体验。整体的归家动线设计与登山的动线相同，自低而高，山溪伴路使用人工痕迹极少的材料来体现自然气息，立面与铺装的选用也以体现山野气息的深色石材和自然皮面不规则边缘的石材大板为主。

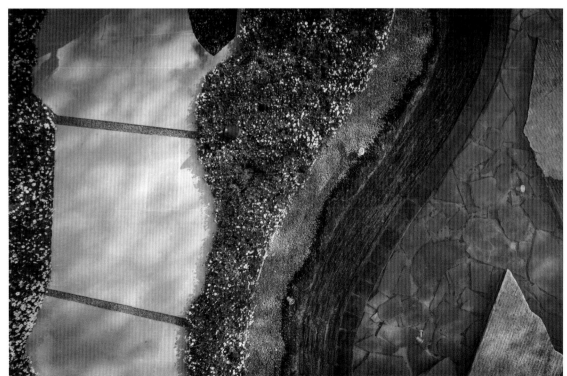

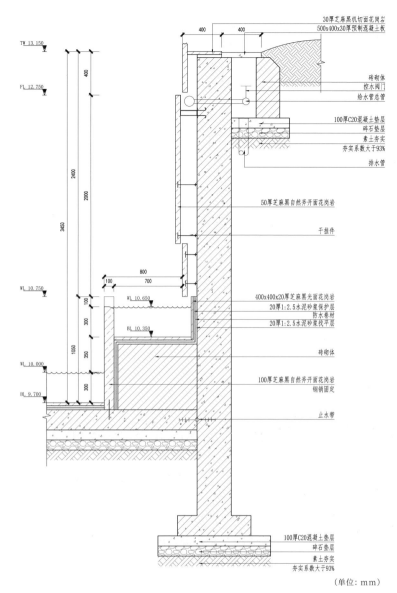

30厚芝麻黑机切面花岗岩
500x400x30厚预制混凝土板

砖砌体
控水阀门
给水管总管

100厚C20混凝土垫层
碎石垫层
素土夯实
夯实系数大于93%
排水管

50厚芝麻黑自然斧开面花岗岩

干挂件

400x400x20厚芝麻黑光面花岗岩
20厚1:2.5水泥砂浆保护层
防水卷材
20厚1:2.5水泥砂浆找平层

砖砌体

100厚芝麻黑自然斧开面花岗岩
钢销固定

止水带

100厚C20混凝土垫层
碎石垫层
素土夯实
夯实系数大于93%

(单位: mm)

观者由建筑空间出,自然跌瀑便现于眼前,"流泉百道鸣,激荡声喧豗",以深色石材的自然皮面打造的跌瀑墙面给予观者顷刻融于山野的震撼,同时姿态特异的植被从墙体间长出也将空间的自然气息很好提升。

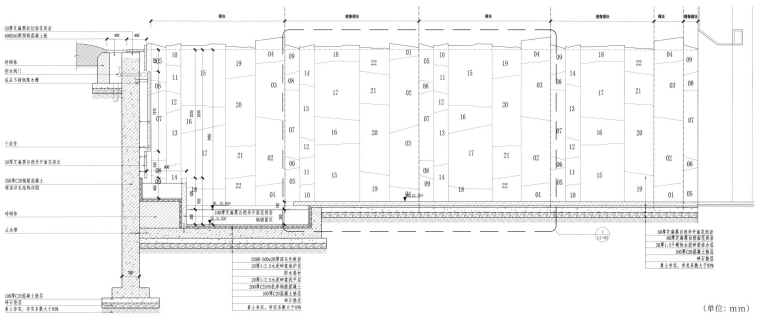

30厚芝麻黑机切面花岗岩
400X50厚预制混凝土板

砖砌体
控水阀门
成品不锈钢集水槽

干挂件

50厚芝麻黑自然荞开面花岗岩

350厚C20钢筋混凝土
埋深详见结构详图

砖砌体

止水带

100厚C20混凝土垫层
碎石垫层
素土夯实, 夯实系数大于93%

D300-500x20厚深色板岩
20厚1:2.5水泥砂浆保护层
防水卷材
20厚1:2.5水泥砂浆找平层
200厚C25P6抗渗钢筋混凝土
100厚C20混凝土垫层
碎石垫层
素土夯实, 夯实系数大于93%

50厚芝麻黑自然荞开面花岗岩
80厚芝麻黑自然面花岗岩
30厚1:3干硬性水泥砂浆结合层
100厚C20混凝土垫层
碎石垫层
素土夯实, 夯实系数大于93%

模块　　　镜像模块　　　模块　　　镜像模块　　模块　镜像模块

(单位: mm)

301

50厚芝麻黑自然斧开面花岗岩

30厚芝麻黑烧面花岗岩
对应平面铺装分割

仿芝麻白真石漆喷涂

200厚C25钢筋混凝土

种植土

干挂件
led灯带40x20x2厚墙钢

不锈钢出水口

给水管

Ø15led纽扣灯

给水管

30厚深灰色板岩散置

30厚深灰色板岩散置

整石荒料散置

30厚深灰色板岩散置
20厚1:2.5水泥砂浆保护层
防水卷材
20厚1:2.5水泥砂浆找平层
200厚C25P6抗渗钢筋混凝
土100厚C20混凝土垫层
100厚级配碎石垫层
素土夯实,夯实度≥93%

(单位: mm)

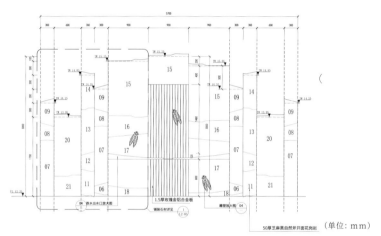

（单位：mm）

"天清远峰出，夜静星辰现"，园路的尽端是融合于自然空间的小门扉，立面材质与其它自然石材墙面统一，造型轻巧。进入门扉后，园路尺度与植物配置都稍有不同，体现更为舒适的温馨感。

龙湖景瑞·星海彼岸
LONGFOR JINGRUI STAR&SEALAND

业主单位 / 龙湖集团、景瑞地产

项目地址 / 宁波

建成时间 / 2018

当"在湾区拥有一套度假别墅"成为了"财富与生活智慧并得"的符号，湾区生活便也成为了世界名流的一致追求。龙湖向来尊重水域得天独厚的自然资源，从烟台"龙湖·葡醍海湾"到青岛"龙湖·星海彼岸"，深谙人居与自然的羁绊。2017年末，龙湖相承一脉，再度生发，携手景瑞，布局华东唯一十里蓝海湾——宁波滨海新城蓝海湾。项目景观设计由我们团队倾力打造，凭自然天赋、集众人智慧，孕育海湾至珍。经过多方的努力，2018年上旬，示范区慢慢揭开神秘的面纱，率先预演了这里未来梦想的生活。"星海彼岸"也正式成为了这颗明星的名字，比肩世界湾区的蓝海生活。

这个项目其实并不是紧邻大海，它和大海之间有个浅水滩的区位。刚开始大家都处于摸索阶段，还没有明确设计方向，项目有个特殊性，它有一个老的托斯卡纳风格的售楼处，有酒店的感觉，甲方要对建筑进行改造，我们最初的方案也是希望往酒店化、临水感觉的方向去设计。

这个方案草图已经想清楚走什么样的风格了，整个的感觉趋向于：度假一天，湖天一色。找了一些私宅、包括一些巴厘岛的感觉，希望往这种方向去做，主打一些风情化和现代化的结合。

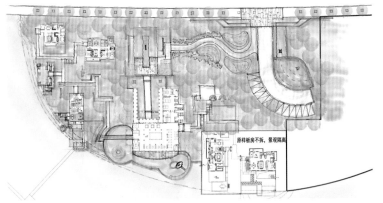 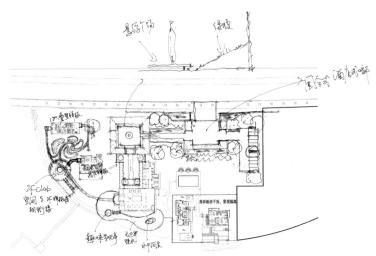

新建成的星海彼岸体验区，临近洋沙山明月湖畔，西望九峰山。这里是宁波北仑滨海新城山水资源的精华所在，交错起伏的群山透露着一种立体的美感，光影纵横的湖水幻化出轻松自然的韵味。示范区总占地面积八千平米，建筑风格保留托斯卡纳风情。

景观定位从宁波的水乡生活基调出发，注入浪漫风情酒店式的居住理想，将星海彼岸打造城一个极具度假风情的酒店式体验区。用外显的设计语言，以自由形式，表达对现代、未来感生活方式的赞许，同时用内在的"简约"精神，赋予其更轻盈的体量、更清爽的视觉印象。

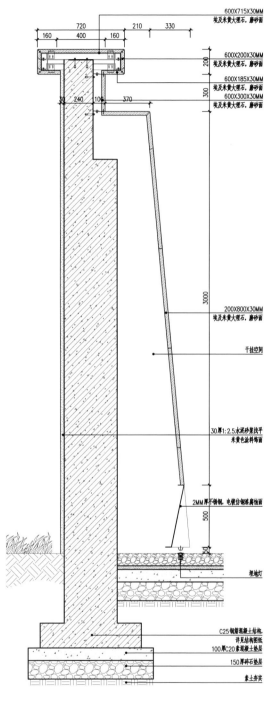

600X715X30MM
埃及米黄大理石, 磨砂面

720　　210　330
160　400　160

600X200X30MM
埃及米黄大理石, 磨砂面

200

600X185X30MM
埃及米黄大理石, 磨砂面
600X300X30MM
埃及米黄大理石, 磨砂面

300

30　240　100　　370

3000

200X800X30MM
埃及米黄大理石, 磨砂面

干挂空间

30厚1:2.5水泥砂浆找平
米黄色涂料饰面

2MM厚不锈钢, 电镀仿铜漆屑纹面

500

埋地灯

C25钢筋混凝土结构,
详见结构图纸
100厚C20素混凝土垫层
150厚碎石垫层
素土夯实

(单位: mm)

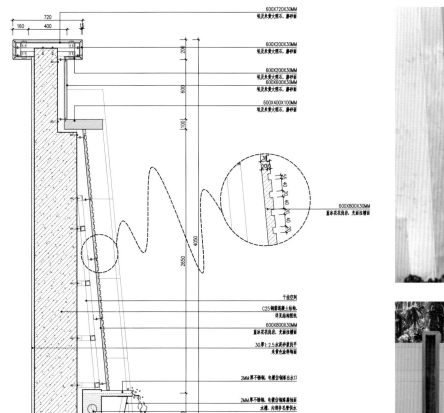

600X720X30MM
埃及米黄大理石, 光面拉槽面

600X200X30MM
埃及米黄大理石, 磨砂面

600X200X30MM
埃及米黄大理石, 磨砂面
600X600X30MM
埃及米黄大理石, 磨砂面

600X400X100MM
埃及米黄大理石, 磨砂面

600X800X30MM
蓝冰花花岗岩, 光面拉槽面

干挂空间

C25钢筋混凝土结构,
详见结构图纸

600X800X30MM
蓝冰花花岗岩, 光面拉槽面

30厚1:2.5水泥砂浆找平
米黄色涂料饰面

2MM厚不锈钢, 电镀仿铜漆出水口

2MM厚不锈钢, 电镀仿铜漆背饰面
水槽, 内部多孔管供水

100厚约20~30墨色砾石
30厚复合盖板

角钢, 膨胀螺栓固定

水泵
C30S6抗渗钢筋混凝土,
详见结构施工图
得空管

100厚C20素混凝土层
150厚碎石垫层
素土夯实
15厚1:3水泥砂浆保护层
聚氨脂防水层
15厚1:3水泥砂浆找平层

（单位：mm）

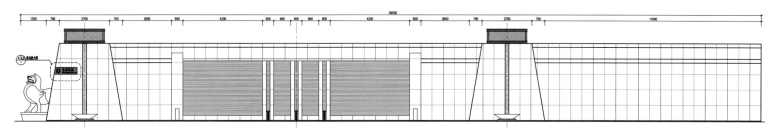

（单位：mm）

穿过门柱，进入景墙围合出的第一方天地，两排风情感十足的棕榈树配合着
中心阵列涌泉水景，观赏着东方情趣中心对景墙，度假感油然而生。

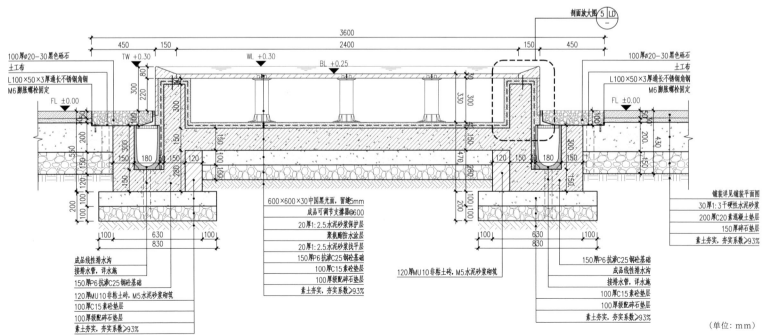

建筑两侧的前廊围合出中庭空间。景观在设计上从山海岛找寻灵感，将抽象出的优美曲线转化成道路、叠阶、水景等景观元素。两侧设置了极其罕见的大型室外观赏鱼缸，参观者穿行其中，既能感受置身山水的韵律，又可体会创意趣味。

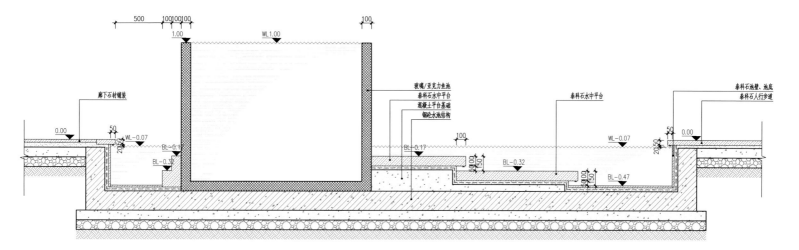

500　100100100　　　　　　　　　　　　　100

1.00　　　　　　WL1.00

玻璃/亚克力鱼池
泰科石水中平台
混凝土平台基础
钢砼水池结构

泰科石水中平台

泰科石池壁、池底
泰科石人行步道

廊下石材铺装

0.00　　　50　WL-0.07　　　　　　　　　　　　　　　　　　　　　　100　　　　　　　　　　　　　WL-0.07　　50　0.00
　　　　　　　　　　　　　　　　　　　　　　　　　　　　　　　　BL-0.17
　　　　BL-0.1　　　　　　　　　　　　　BL-0.17　　　　　　　BL-0.32
　　　BL-0.32　　　　　　　　　　　　　　　　　　　　　　　　　　　　BL-0.47

（单位：mm）

走出售楼处，首先映入眼帘的是静谧雅致的观湖艺术空间。作为衔接建筑前后场而设置的过渡区域，衬以简洁质地表皮的弧形景墙、光影丰富的无框艺术观景亭、围合出的圆形艺术水景，一同述说着变化，空间自内而外明确了边界，景观由表及里回归到自然，用光与影致敬了自由与艺术。

因为远处有一座大桥，观景体验比较好，所以我们坚持做了一个观景的亭子，也有路可以衔接。

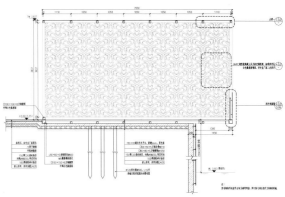

（单位：mm）

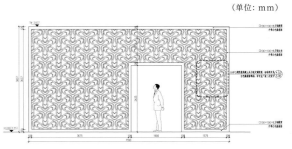

由后院进入到样板庭院，道路两侧丰富的植物组团打造了场景的差异化。靠近东侧通透建筑廊架一侧，尽可能的通过多重风情植物组团结合阳光草坪来形成丰富的层次感，并配以小品及雕塑增加风情感。穿过现代简洁的门头进入三个样板房建筑围合出的样板区后花园。样板后花园整体采用简洁规整的方式布置，空间收放有致、道路曲折变换的同时也注重看房通道上多场景化的营造，例如开放式草坪、棕榈树阵、休憩木平台、镜面水池等。

至此游历了整个星海彼岸的体验区。整体空间景观空间序列收放有致，景观空间形态风情趣味。从热闹到安静，层层递进，借助景观的手段让参观者自觉的从城市滑向自然。于绿水蓝天之间，育出自然风情的舒适空间，于空间的自然转合中，引发参观者对未来生活的憧憬。

新城·吾悦华府
SEAZEN WUYUE

业主单位 / 新城控股
项目地址 / 北海
建成时间 / 2019

北海是一个美丽的海滨城市，因盛产南珠，又称为珠城。北海悠久的历史，特定的地缘区位，良好的港口，丰富的物产资源，造就了厚重、灿烂的汉墓文化、海上丝绸之路文化、南珠文化、近代开放文化、民俗文化等。印象中的北海绿树成荫，素有海滨花园城市之称。独特的地理位置使得北海秋春相连，长夏无冬，夏无酷暑，气候宜人。本项目东侧为规划中的冯家江湿地公园，距银海区政府仅 2 千米，周边资源丰富，未来发展潜力巨大。

我们意图打造一座旅居候鸟型度假社区，感受优生态、慢生活的海滨人居体验。营造的高端生活体验、酒店化的气质格调、精致与时尚的社区，为我们开启一段随心而行的生态鸟居之旅，这是一处隐秘于城市的自然之境。

我们将"高端生活方式体验""酒店度假风""未来科技感"作为项目的城市名片，将精奢品质的酒店度假风嫁接于项目，通过布局形式、用格调精美的艺术品和富有质感的材料提升品质空间。在社区公共空间通过场景营造，邻里空间的交互和泳池等增强未来社区感受，打造品牌专属气质，增加整个社区的场地认同感。

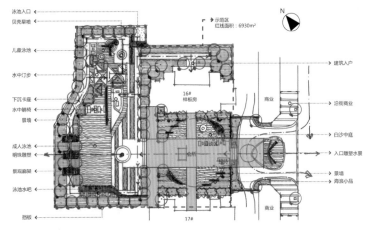

在北海自然环境的依托下，我们提炼了与之相呼应的设计元素，北海的海浪、礁石、红林、沙滩以及阳光，这五种地域的元素，似乎已经在我们的想象中勾勒出了场地框架的画面。当礁石化身为渔船，当红林化身为水中汀步，孩子们在沙滩中嬉戏追逐，阳光透过凉亭洒落在地面上。恍然置身于度假之中，实则生活在其中。

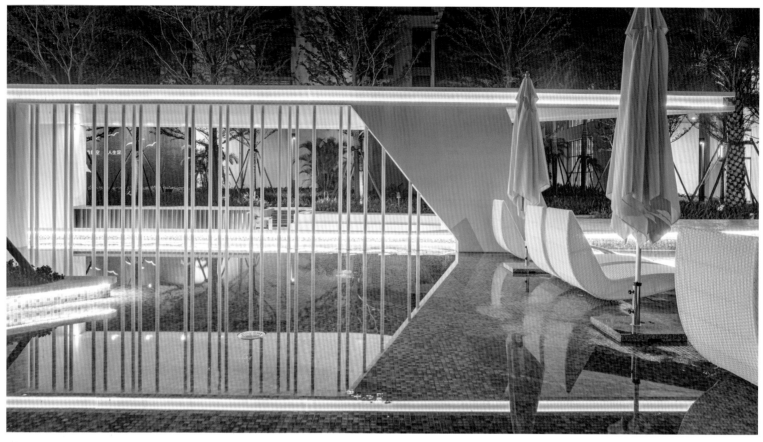

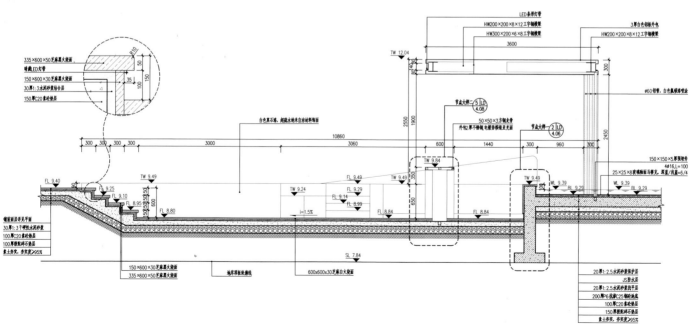

LED条形灯带
HW200×200×8×12工字钢横梁
HW300×200×6×8工字钢横梁
3厚白色铝板外包

335×600×50芝麻墨火烧面
暗藏LED灯带
150×600×30芝麻墨火烧面
30厚1:3水泥砂浆黏合层
150厚C20素砼垫层

TW 12.04

3600

300

ø60钢管,白色氟碳漆喷涂

白色真石漆,超疏水纳米自洁材料饰面

节点大样二 5 LD
4.08
50×50×3方钢龙骨
外包2厚不锈钢 电镀客钢镜亚光面

节点大样 2 LD
4.06

2550
1900

10860

300 300 300 300   3000   3060   600   1440   300   960   300

150×150×5厚预埋件
4ø16,L=100
25×25×8玻璃面马赛克,
双直/战壁=6/4

FL 9.40

FL 9.25

FL 9.10
FL 8.95

TW 9.49

TW 9.49
FL 9.29

FL 9.49   TW 9.49

TW 9.84

350

650

TW 9.24

FL 9.14
FL 8.99

FL 8.84

i=1.5%

TW 9.49

WL 9.39
BL 9.29

WL 9.39
BL 9.29

铺装面层详见平面
30厚1:3干硬性水泥砂浆
100厚C20素砼垫层
100厚级配碎石垫层
素土夯实,夯实度≥95%

150   150 50 50 50
600

FL 8.84

SL 7.84

20厚1:2.5水泥砂浆保护层
JS防水层
20厚1:2.5水泥砂浆找平层
200厚P6抗渗C25钢砼池底
100厚C20素砼垫层
150厚级配碎石垫层
素土夯实,夯实度≥95%

150×600×30芝麻墨火烧面
335×600×50芝麻墨火烧面

地库顶板结构线

600×600×30芝麻白火烧面

(单位:mm)

320

满眼的热带植物，让你晃神之余，仿佛置身海岛，度假风情一览无遗。如果说海是能让人心旷神怡的，那碧海清池这里或许就是你心情愉悦之地。以碧海清池为主题的后场空间似乎又包含了星级酒店的气质格调，展现出精致与时尚的社区生活体验。在提取海浪的自然元素后，我们将其抽象为场地符号，将一汪海域尽收池中，其间游船靠岸，水中汀步散置，丛林环绕，描绘出一幅海港生活的自然景象。

康得思酒店
CORDIS HOTEL

御湖康得思酒店项目位于重庆市璧山区，属于重庆御湖生态国际旅游度假区中的主力项目，由英国朗廷康得思国际酒店承担运营管理。我们有幸参与景观设计投标工作，基地背靠茅莱山，面朝御湖，项目占地 9 公顷，场地自然地形最大高差达 39.5 米，我们通过解读在地"驿站"文化，酒店品牌"心"文化，提出"驿心"的景观体验主题，结合建筑功能分区及场地自然特征，塑造涤心、寻心、悦心、隐心四大景观场所，通过层层递进的空间序列，营造一处放松身心、知隐山水的私密领地。

329

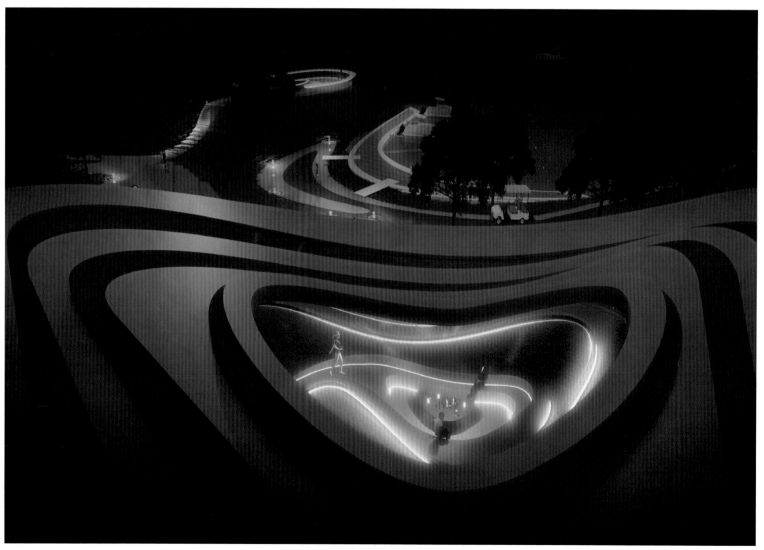

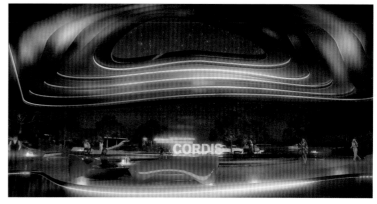

成都阆中酒店
LANGZHONG HOTEL

本项目位于嘉陵江中游，依山傍水，属于阆中市 5 千米生活圈，水陆交通便利，可连接阆中多个旅游景点。项目周边自然资源丰富，植被茂盛，内部景观地势有一定高差，利于创造多层次的景观空间。

阆中悠远的江水、茂密的山林、规制的城街和雅趣的巷院均给了我们无限的创意，我们期望在设计中与自然对话。我们使酒店与周围环境相融合，楼群的间隙和丰富的竖向设计，营造了精致、静谧的私享生活，人类与自然得以共鸣。

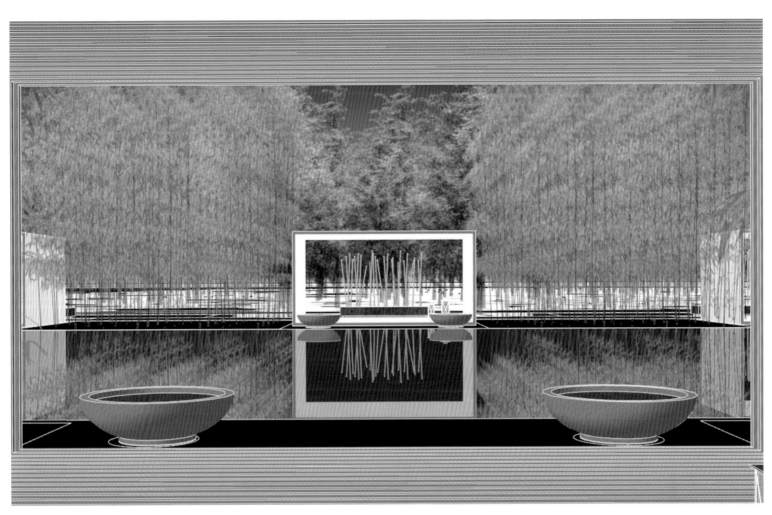

摄影 | PHOTO CREDITS

浙江绿城建筑 | 绿城·杨柳郡

Shrimp Studio 邬涛 | 万科·兰乔圣菲

龙湖·星海彼岸

龙湖·天宸原著

地产线 | 景瑞·天赋

万科·魅力之城

中梁·江城 1621

看见摄影 鲁斌 | 绿城·沁园蘭园

富力皖投·大河城章城市体验区

和昌·光谷未来城

龙湖·春江悦茗

融创·文旅城彩虹云谷

龙湖祥生颐居·颐和九里

河狸摄影 | 中南·春风南岸

DID STUDIO 唐岩 | 中南·紫云集

中南·中山府

中南·春风南岸

南西摄影 | 龙湖·天宸原著

越秀·江南悦府

新城控股 | 新城·吾悦华府

其他照片及效果图、分析图，版权均归属于澜道设计机构